L'industrialisation raisonnée de l'agriculture africaine : une clé pour l'émergence

Collection « Études africaines »

dirigée par Denis Pryen et son équipe

Forte de plus de mille titres publiés à ce jour, la collection « Études africaines » fait peau neuve. Elle présentera toujours les essais généraux qui ont fait son succès, mais se déclinera désormais également par séries thématiques : droit, économie, politique, sociologie, etc.

Dernières parutions

KIYINDOU Alain, ANATE Kouméalo, CAPO-CHICHI Alain (Dir.), *Quand l'Afrique réinvente la téléphonie mobile,* 2015

FAME NDONGO (Jacques), *Essai sur la sémiotique d'une civilisation en mutation. Le génie africain est de retour,* 2015.

TCHAKOTEU MESSABIEM (Liliane), *Droit OHADA - Droit français. La protection des créanciers dans les procédures collectives d'apurement du passif,* 2015.

AMBOULOU (Hygin Didace), *Le Droit des entreprises en difficulté dans l'espace OHADA*, 2015.

AMBOULOU (Hygin Didace), *Le Droit de l'arbitrage et des institutions de médiation dans l'espace OHADA*, 2015.

BASSÈNE (René Capain), *Casamance. Récit d'un conflit oublié (1982-2014)*, 2015.

DOSSI (Faloukou), *L'universalisation de la démocratie, Vers la théorie habermassienne de la démocratie*, 2015.

NDOMBET (Wilson-André, dir.), *Processus électoraux et immobilisme politique au Gabon (1990-2009)*, 2015.

ANGOULA (Jean-Claude), *L'Église et l'État au Sénégal, Acteurs de développement ?*, 2015.

MOUCKAGA (Hugues), OWAYE (Jean-François) WANYAKA (Virginie), *Démocratie et/ou démocrature en Afrique Noire ?*, 2015.

TOPPÉ (Gilbert), *Éducation aux archives. Théorie, pratique et valorization*, 2015.

Ces dix derniers titres de la collection sont classés
par ordre chronologique en commençant par le plus récent.
La liste complète des parutions, avec une courte présentation

Désiré Ngalieu

L'industrialisation raisonnée de l'agriculture africaine : une clé pour l'émergence

L'Harmattan

5-7, rue de l'École-Polytechnique ; 75005 Paris

http://www.librairieharmattan.com
diffusion.harmattan@wanadoo.fr
harmattan1@wanadoo.fr

ISBN : 978-2-343-06537-3
EAN : 9782343065373

Remerciements

Je remercie mon épouse, Mirlène, pour sa présence quotidienne à mes côtés, ses encouragements incessants et sa grande implication dans l'organisation informatique du manuscrit.

J'adresse un merci particulier à mes enfants, Bèsi, Tiéméni, Kouèni et Kouessi, pour leur soutien affectif invariable tout au long de la rédaction de cet ouvrage.

Toute ma gratitude va également à l'endroit de ceux et celles qui, de près ou de loin, m'ont apporté leurs conseils ainsi que leurs soutiens matériel et moral dans l'achèvement de ce livre.

Introduction

Depuis des millénaires, l'homme tire les ressources de sa subsistance de la terre. Ainsi, pour se nourrir, se vêtir, s'abriter et se soigner, l'homme recourt aux ressources de la nature telle que le bois, le coton, le caoutchouc, l'eau, le soleil, les ressources minérales du sol (minerais de fer, charbon, etc.), les espèces végétales et animales, qu'il transforme en vêtements, habitats, nourritures, médicaments, etc.

L'agriculture est née du besoin primaire des hommes de pourvoir à leur subsistance. Les besoins de l'homme sont de nature et d'importance diverses : psychologiques (besoins d'amitié et besoins religieux) et physiologiques (la chaleur, la soif, la faim). De cette confrontation entre les besoins de l'homme et la rareté des ressources naturelles est né ce qu'on appelle « activité économique », c'est-à-dire l'activité déployée par l'homme en vue d'obtenir des biens.

L'agriculture, activité dont l'origine est la plus ancienne, a été à la base de la subsistance de l'humanité tout au long de l'histoire. Pour J.J. Rousseau [1712-1778], « *l'agriculture est le premier métier de l'homme, c'est le plus honnête, le plus utile et par conséquent, le plus noble qu'il puisse exercer* ». François Quesnay [1694-1794] et les physiocrates la considèrent comme « la seule source des richesses des nations ».

L'agriculture est l'art de cultiver la terre, de la fertiliser ou de la faire produire. Elle a pour mission principale de fournir à l'homme la nourriture nécessaire à sa subsistance. Dans sa phase originelle ou primaire, l'agriculture s'appuie sur les facteurs naturels qui donnent des rendements limités face à une démographie en croissance continue. L'utilisation de la chimie, de la mécanique, de l'informatique, de l'électronique et de la robotique pour réduire la pénibilité du travail et accroître les rendements agricoles, déporte l'agriculture du secteur primaire vers le secondaire. Et c'est exactement dans cette phase de « secondarisation » que l'agriculture éloigne la faim des hommes, contribue à la création des richesses et au développement économique d'un pays.

Or, en 1798, T.R. Malthus [1766-1834] écrivait dans son ouvrage intitulé, ***Essai sur le principe de la population***, que la croissance de la population était exponentielle (progression géométrique) alors que l'augmentation des ressources pour les nourrir suivait une progression arithmétique. Il proposait la réduction des natalités pour rétablir l'équilibre et estimait d'ailleurs que les guerres, les épidémies et les famines interviendraient inévitablement pour réduire le nombre de personnes, en l'occurrence des pauvres qui coûtaient cher à la société. Cette thèse a été reprise par des libéraux et plus récemment, par l'extrême droite Française, pour qui « *Il est inadmissible qu'on puisse laisser la population africaine croître infiniment dans un monde où les ressources sont limitées. D'ailleurs, les déséquilibres démographiques ont été réglés par les grandes épidémies et les guerres. Il y aura encore des milliers et des millions de morts en Afrique dus à « Ebola »* »[1].
Malthus a été également suivi dans cette approche par Anne et Paul Ehrlich qui annonçaient en 1968 l'explosion de la « *Bombe P* » ou « *Bombe démographique* ». Cette bombe n'a explosé, sans conséquence majeure, que dans des régions pauvres de la planète, à savoir : l'Amérique latine, l'Asie et l'Afrique. Des écologistes, comme René Dumont [1904-2001], ont repris des théories contestées de

[1] Déclaration de Jean-Marie Le Pen (président d'Honneur du Front national) sur les antennes de la radio RMC-info le 20 octobre 2014.

T.R Malthus sur l'impossible conciliation entre l'effectif de la population qui croît selon une progression géométrique et le volume des ressources alimentaires qui croît selon une progression arithmétique. Ils estiment que les rendements agricoles se stabilisent alors que la croissance démographique s'accélère en Chindiafrique[2] (Chine, Inde et Afrique). L'intensification de la pollution, la désertification et le déboisement sont causés par la croissance démographique de ces régions encore pauvres. Ils prônent la « croissance zéro » de la démographie et de l'économie.

La grande majorité des écologistes a rejeté les thèses d'Ehrlich qui imputaient la responsabilité de la dégradation de l'environnement à la croissance démographique.

Pour eux, le problème démographique ne pouvait être dissocié d'un autre déséquilibre qui se révèle dans toute son acuité dans la seconde moitié du XXe siècle : la croissance de la famine.

À cette époque, la population mondiale ne dépassait pas 1 milliard d'habitants et Malthus ignorait les miracles de la science, du progrès technique et de la révolution industrielle. Or, en 2013, la population mondiale a atteint 7,2 milliards de personnes sans que la théorie de Malthus soit vérifiée. La production alimentaire mondiale suit la progression démographique et souvent la dépasse. En 2050, cette population mondiale atteindra 9,6 milliards d'habitants et l'agriculture sera capable de la nourrir, à condition que les pays pauvres modernisent leurs structures de production agricole et que la solidarité internationale se manifeste effectivement.

---

[2] Jean-Joseph Boillot et Stanislas Dembinski (2013), Chindiafrique, Odile Jacob, Paris. Ces auteurs utilisent cette expression « Chindiafrique » pour désigner les trois géants démographiques de demain (à partir de 2030), à savoir la Chine, l'Inde et l'Afrique.

Le célèbre démographe et économiste français, Alfred Sauvy [1898-1990], donnait la note zéro à la « croissance zéro » prônée par Malthus et ses partisans. Pour Sauvy, freiner la croissance démographique était absurde, car la population se régule avec la croissance économique.

Condorcet [1743-1794] développera également une vision optimiste de la démographie et du progrès en s'appuyant sur l'ingéniosité de l'homme. Pour lui, l'homme est capable de s'adapter à toutes les situations difficiles en utilisant le progrès technique ou les nouvelles technologies. C'est ce qui se révèlera plus tard avec la révolution industrielle et ses déclinaisons aujourd'hui : l'informatique, la robotique, le numérique, etc.

L'avènement de la révolution industrielle a permis à l'Occident de remettre en cause les thèses malthusiennes avec l'accroissement exponentiel des ressources agricoles plus vite que l'augmentation de la population. Le progrès technique, aidé par la chimie, la génétique et l'informatique, a permis d'acquérir l'indépendance alimentaire, d'éradiquer la famine, de réduire la pénibilité du travail, d'augmenter les revenus, bref d'améliorer les conditions de vie des populations dans les pays développés et émergents. Les techniques et outillages modernes qui y sont utilisés permettent d'accroître à volonté les rendements agricoles. Cependant, ils ne sont pas sans conséquence, parfois graves, sur l'environnement, la santé publique et l'économie.

Henri Leridon [2009] écrit à ce titre : « *Depuis au moins 400 ans, la croissance de la population mondiale est exponentielle. [...] Cette croissance de la population mondiale, au cours de la seconde moitié du 20e siècle, de 2,5 à 6 milliards d'habitants, est une conséquence des progrès et du développement économique réalisés dans les pays, actuellement les plus développés qui ont « exporté »*

vers les pays les moins avancés une partie de leur succès dans la lutte contre la mort ».
En médecine, les techniques et outils modernes utilisés, parfois de force dans des sociétés traditionnelles, pour sauver des vies, éradiquer des maladies et enfin lutter contre la mort, ont contribué à l'amélioration des conditions de vie des populations partout dans le monde.
Parallèlement, les techniques et outils utilisés dans les pays riches pour accroître les rendements agricoles et obtenir l'indépendance alimentaire peuvent-ils être appliqués en Afrique subsaharienne pour répondre au défi démographique de demain ? Comment ce continent doit-il s'y prendre ?

Au lendemain de la Seconde Guerre mondiale, les structures de production sont totalement détruites en Europe. Les populations n'ont la vie sauve qu'en allant récupérer des bons alimentaires dans des mairies. Pour nourrir une population pauvre et croissante, l'Europe a mis en place une politique de modernisation de son agriculture qui a multiplié les rendements par cinq, dix, quinze, vingt et plus. Une politique agricole basée sur l'intensification des productions agricoles a été instituée dans toute la communauté européenne en 1957 à travers le Traité de Rome. Le budget consacré chaque année à l'investissement dans l'agriculture et l'élevage (subventions à la production et à l'exportation, aides à l'achat des tracteurs, moissonneuses, des engrais chimiques, des semences sélectionnées, des silos à grains, etc.) atteignait, voire dépassait, 45 % du budget global. La mise en place des fonds d'aides ou de soutien aux prix, et la création au niveau des nations des banques agricoles ont été des facteurs de modernisation de l'agriculture européenne. Un marché commun des produits agricoles a été créé, permettant non seulement la libre circulation des

denrées agricoles au sein de la communauté, mais également l'intégration de l'agriculture européenne dans l'économie moderne. Ces éléments ont, en majeure partie, conjointement contribué au basculement de l'agriculture européenne vers le secteur secondaire.
Les pays émergents (Brésil, Chine, Taïwan, Inde, Afrique du Sud, Russie, etc.) ont adopté la même démarche et ont atteint des résultats probants. Ils sont aujourd'hui devenus des concurrents redoutables des pays occidentaux sur de nombreux marchés de produits agricoles et agroalimentaires. La Chine a pu détrôner les États-Unis d'Amérique (É.-U.) et l'Union européenne (UE) sur de nombreux marchés de pointe. Elle a été classée première économie mondiale par le fonds monétaire international (FMI) en 2014.

Cependant, alors que les rendements agricoles atteignent les sommets dans les pays industrialisés et émergents, on observe paradoxalement, autant dans ces pays que dans les pays pauvres, des difficultés d'accès à la nourriture pour certaines catégories de populations[3]. En effet, la malnutrition (mauvaise adaptation de l'alimentation aux conditions de vie des individus), la sous-nutrition (manque de quantités suffisantes de nourriture), des pertes et gaspillages alimentaires font partie du quotidien d'une grande partie de ces populations pauvres. Ces gaspillages se font aussi bien dans les pays à haut rendement agricole (pays industrialisés : Europe, Amérique du Nord) que dans les pays à faible rendement agricole (pays d'Afrique subsaharienne et d'Asie du Sud-est). Bien que les capacités de production de biens agricoles et autres se

---

[3] Exemple : des Glaneurs, qui sont des personnes trouvant leurs nourritures dans des conteneurs des supermarchés ou des poubelles des marchés. On les compte aujourd'hui par milliers dans de grandes villes de France.

soient incontestablement développées sur les cent dernières années, des millions de personnes ne parviennent pas à manger à leur faim, faute d'argent pour les acquérir (J. Ziegler, 1999). Or selon l'Organisation des Nations Unies pour l'agriculture et l'alimentation (FAO), les moyens de production agricole aujourd'hui sont susceptibles de nourrir plus de 12 milliards de personnes, c'est-à-dire fournir entre 2400 et 2800 calories par jour et par personne[4].
La production alimentaire peut augmenter en Afrique et dans le monde, mais la question essentielle pour les populations pauvres demeure celle des moyens dont elles disposent pour acheter les biens alimentaires. Leur faible pouvoir d'achat entrave leur accessibilité aux denrées alimentaires. Cette situation est également valable dans les pays riches où l'on observe une corrélation entre la pauvreté, la précarité, la faiblesse des revenus et l'obésité (malnutrition, suralimentation).

Problème de gaspillage alimentaire

Un habitant sur huit dans le monde, dont un sur cinq en Afrique ne mange pas à sa faim, alors que la production mondiale des denrées alimentaires suffirait à nourrir près de 12 milliards de personnes. Des tonnes d'aliments sont ainsi jetées avant d'avoir été mises sur le marché, soit pour des raisons esthétiques, normatives, de présentation ou de rentabilité.
Selon la FAO (mai 2011)[5], environ 1,3 milliard de tonnes de nourriture sont gaspillées chaque année dans le monde, soit un tiers des aliments produits.

---

[4] Besoin calorique quotidien moyen par individu.
[5] Rapport FAO, mai 2011, sur l'alimentation dans le monde.

Les pays occidentaux perdent ou gaspillent de 179 kg en Europe à 300 kg aux États-Unis d'aliments par habitant et par an, dont les consommateurs seraient responsables d'un tiers. Sylvie Brunel (1997)[6] estimait qu'une grande partie des protéines animales destinée à l'alimentation des chats et des chiens en Occident (près de 5 millions de tonnes de nourriture) peut nourrir des millions de personnes dans les pays pauvres.

Dans les pays pauvres, les pertes et les gaspillages sont estimés de 120 kg à 170 kg par habitant et par an, dont seulement 6 à 11 kg du fait des consommateurs. Ce qui indique que dans les pays où la nourriture est une question de survie, les individus font beaucoup plus attention à leurs aliments et gaspillent moins. Les ménages des pays pauvres consacrent plus de la moitié de leur revenu à l'alimentation alors que ceux des pays riches n'en dépensent que 10 à 12 % de leur revenu.

Alors qu'en Occident on observe une croissance faible de la population, une explosion des rendements agricoles et une immense gabegie alimentaire, en Afrique, la population croît de façon vertigineuse, la faim, la pauvreté et la famine conjoncturelle causées par des guerres persistent toujours. Sylvie Brunel soulignera dans son ouvrage, ***La faim dans le monde***, publié en 1999, que : « *Là où les techniques agricoles restent rudimentaires alors que le nombre des bouches à nourrir augmente, là où les États ne décident pas de mettre en place de véritables réformes agraires, des politiques de soutien à l'agriculture et aux agriculteurs pour répondre au défi démographique, les populations connaissent de graves problèmes alimentaires* ».

À l'échelle planétaire, les continents africain et asiatique occupent les deux premiers rangs des régions où l'on enregistre les plus forts taux de population souffrant de ces

---

[6] Sylvie Brunel (1997), *Ceux qui vont mourir de faim*, Seuil, Paris.

fléaux et de ses déclinaisons. Plus de 1 milliard d'habitants pour l'Afrique et plus de 4 milliards pour l'Asie. Face à cette situation, peut-on conclure qu'il y a une corrélation entre le boom démographie, dans ces deux continents, et les fléaux tels que la faim et la pauvreté ?
Les malthusiens, les libéraux et certains écologistes pensent que les poussées démographiques en Afrique, notamment, aggravent les problèmes de la faim, alors que d'autres auteurs (Sylvie Brunel, Muhammad Yunus, Amartya Sen) estiment qu'il n'y a pas de lien direct entre la densité de la population et la faim. D'autres facteurs tels que les conflits ou guerres internes, le Landgrabbing, les catastrophes naturelles, les épidémies et les décisions politiques, affament davantage les peuples et ruinent l'économie.

Problème de la faim

On distingue plusieurs types de « faim » : la faim structurelle, la faim conjoncturelle, la faim silencieuse ou la faim invisible ou latente (silent hunger, en anglais) et la faim patente.
La faim structurelle est due au manque de structures sanitaires et socio-économiques. « *Elle est responsable du malheur qui frappe des centaines de milliers d'enfants qui, en Afrique, en Asie, en Amérique latine, deviennent aveugles par suite du manque de vitamine A. Elle contribue à la mort en couches, chaque année, de 500 000 femmes africaines, dont le corps affaibli ne résiste pas aux plus petites infections* », écrit J. Ziegler (1999)[7].
La FAO définit la faim conjoncturelle comme celle qui est provoquée par l'effondrement brutal, imprévu, à très

[7] Jean Ziegler (1999), *La faim dans le monde expliquée à mon fils*, Seuil, Paris.

courte échéance, de toute l'infrastructure économique et sociale d'une société (la faim provoquée par les catastrophes naturelles et la guerre, par exemple). De 1970 à 2012, l'Afrique a connu près d'une cinquantaine de guerres qui ont déplacé les populations en créant des situations de famine ou de faim dans des pays concernés.
Bien que la faim structurelle ait disparu dans le monde, de nombreuses populations souffrent encore de la malnutrition, de la sous-alimentation, de la faim et de ses conséquences. La faim conjoncturelle n'est encore observée que dans des pays en guerre (Somalie, RDC, Soudan, RCA, etc.), ou dans des pays ayant fait des choix politiques la favorisant (Corée du Nord, par exemple). Grâce aux performances élevées de l'agriculture industrielle et au dispositif d'alerte et surtout d'assistance alimentaire mis en place par le Programme alimentaire mondial (PAM) et la FAO à travers l'Organisation des Nations Unies (ONU), les famines ont globalement baissé dans le monde.

Cependant, près d'un milliard de personnes dans le monde sont aujourd'hui frappées par la faim, dont 239 millions en Afrique subsaharienne. Sur 965 millions de personnes souffrant de sous-alimentation dans le monde en 2010, plus de 40 % vivaient en Afrique subsaharienne, 20 % en Asie, 15 % en Amérique latine et 10 % en Afrique du Nord et Proche-Orient[8].
Parmi les pays déclarés « en grave insécurité alimentaire » en 2008 par la FAO, une grande majorité était africaine. Le déficit alimentaire de la plupart des 800 millions de personnes qui souffrent de faim chronique est de 100 à 400 kilocalories (kcal) par jour. Dans 46 % des pays africains au sud du Sahara, le déficit alimentaire moyen

[8] Rapport FAO 2008.

par personne sous-alimentée atteint 300 kcal par jour contre 16 % dans des pays d'Asie et du Pacifique.
C'est en Afrique subsaharienne que sévissent encore des maladies de la faim comme le kwashiorkor, la cécité, les anémies nutritionnelles, le goitre, les avitaminoses et le noma[9]. Près de 140 000 enfants sont victimes chaque année du noma dans le monde, dont 100 000 vivent en Afrique subsaharienne. Leurs mères sont généralement des personnes souffrant de sous-alimentation chronique.
En 2010, 48,5 % des personnes vivant avec 1,25 $ par jour dans le monde résidaient en Afrique subsaharienne ainsi que 70 % des personnes vivant avec 2 $ par jour. Face à cette pauvreté absolue, de nombreux auteurs libéraux et malthusiens accusent la démographie galopante et proposent un arrêt des naissances comme solution.
Faut-il arrêter la croissance de la population africaine pour stopper la pauvreté et la faim ? En d'autres termes, l'Afrique est-elle surpeuplée ? Comment sortir les populations africaines de la pauvreté et de la faim ?
Pour François Quesnay [1694-1794], chef de file des physiocrates, l'agriculture est la seule source de richesse des nations. Elle est la base de toutes les richesses d'un pays. Lorsque l'agriculture se développe, le pays prospère. Elle est la seule activité économique de production ; les autres activités sont celles de transformation et d'échange. Elle est la seule activité économique capable d'assurer, à court terme, le plein-emploi. Le développement de l'agriculture a été un préalable capital dans l'enrichissement des pays de l'Union européenne (UE) et de l'Amérique du Nord. Après l'échec de sa politique du

[9] Le noma (encore appelé *cancrum oris*) est une forme de gangrène foudroyante qui se développe dans la bouche des enfants (entre 1 et 6 ans) souffrant de malnutrition, et dévore leur visage. Présente en Europe et en Afrique du Nord jusqu'au milieu du 19e siècle, cette maladie a aujourd'hui disparu dans ces régions.

« Grand bond en avant », basée sur l'industrie lourde (copie du modèle russe), qui a entraîné le pays dans une situation de famine, la Chine a bien retenu la leçon en reclassant l'agriculture devant l'industrie légère dans l'ordre des priorités. C'est en positionnant l'agriculture au premier rang des priorités de son développement économique que la Chine a décollé.
De nombreux experts, économistes et autorités publiques africaines soutiennent cette vision physiocratique et considèrent l'agriculture comme le cheval de bataille contre la pauvreté dans leur pays. Encore faut-il la moderniser ou la « secondariser ». Selon la FAO, chaque accroissement de la production agricole de 10 % des petits exploitants en Afrique peut extirper près de 7 millions de personnes du seuil de pauvreté (vivant avec 1 $ par jour).
L'agriculture qui est à la base de l'enrichissement et du développement économique des pays occidentaux emploie près de 60 % de la population active en Afrique subsaharienne. C'est également la région du monde où l'on enregistre une forte progression démographique et une forte augmentation du nombre d'agriculteurs entre 1970 et 2000 (+ 72 % contre + 57 % en Chine, + 54 % en Inde, - 27 % en Amérique du Nord, - 61 % en Europe de l'Ouest et - 67 % au Japon). Par contre, les rendements agricoles y sont désespérément très bas ou faibles.
Des discours politiques, de bonnes intentions, ne sont jamais suivis d'actes. Il suffit de parcourir la loi de finances des différents pays africains pour constater le paradoxe, voire même l'incompréhension dans les dotations de budget aux différents secteurs d'activité. Le budget consacré à l'armée ou la défense est partout supérieur à celui consacré à l'éducation, la recherche ou l'agriculture.
En guise d'exemple, le budget de l'agriculture en 2013, au Cameroun, ne représentait que 3 % du budget global

contre 17 % pour la défense nationale. Les trois quarts de ce maigre budget agricole ont servi au fonctionnement et le quart restant à l'investissement.
En 1998[10], les dépenses mondiales d'armement étaient de 800 milliards de dollars. Depuis 2005, elles sont d'environ 1720 milliards de dollars tous les ans. Or, 10 milliards de dollars permettraient de résoudre les problèmes de la faim dans le monde.
En 2000, afin d'éradiquer l'extrême pauvreté dans le monde, l'ONU fixait huit Objectifs du Millénaire pour le Développement (OMD) à l'horizon 2015, dont le premier fut la réduction de moitié, à cette échéance, du nombre de personnes souffrant de la faim. Ce qui veut dire que plus de 500 millions de personnes sortiraient de l'extrême pauvreté, plus de 300 millions n'auraient plus faim et 30 millions d'enfants ne mourraient plus avant l'âge de 5 ans à cause de la faim.
Selon la FAO, cet objectif ne sera pas atteint, puisque le nombre d'affamés[11] dans le monde, au lieu de diminuer, progresse. Seuls 62 pays sur les 128 suivis par la FAO ont atteint la cible de la faim de l'OMD en 2012[12]. Elle estime qu'un investissement de 44 milliards de dollars dans l'agriculture vivrière des pays du sud pendant 5 ans permettrait de réaliser le premier objectif du Millénaire pour le développement. Or, ces pays consacrent d'importants moyens financiers à l'achat des armes de guerre, à la défense nationale et à l'importation des denrées alimentaires (60 milliards de dollars tous les ans).

---

[10] Rapport de l'Association « Mouvement pour la paix », 2014.
[11] 37 000 personnes sont tuées quotidiennement par la faim et un enfant meurt de faim toutes les 5 secondes dans le monde (Jean Ziegler, 2011).
[12] Déclaration de José Graziano da Silva, Directeur général de la FAO, à la Journée mondiale de l'alimentation à Rome en octobre 2013.

Problème d'importation des denrées alimentaires

L'histoire de la Grande-Bretagne en matière d'importations agricoles montre que tout pays qui importe des denrées agricoles plus qu'il n'exporte finit par se heurter à la baisse de sa production et par conséquent à la perte de sa main-d'œuvre agricole. La population active affectée à l'agriculture en Grande-Bretagne avait baissé de 5 % parce qu'elle achetait aux marchés extérieurs une grande partie des produits alimentaires qu'elle consommait[13]. Ainsi, tout pays qui importerait l'intégralité de son alimentation verrait sa production disparaître. Il verrait également ses agriculteurs émigrer vers les villes et s'exposerait à une situation d'insécurité sanitaire et politique, comme le déclarait en 2008 le président américain, G.W Bush : « *Tout pays qui ne peut se nourrir tout seul n'est pas en sécurité* ».
L'agriculture française était peu développée pendant la période coloniale parce qu'elle dépendait en grande partie des produits agricoles en provenance des colonies.
Les pays africains importent massivement des denrées alimentaires qu'ils ne produisent pas ou dont la production locale est inférieure à la demande intérieure. Le Cameroun, par exemple, importe abondamment des denrées alimentaires, en l'occurrence le riz, le blé, le sucre, le poisson, du lait, pour compléter sa faible production locale et combler le déficit alimentaire de sa population. Ce pays et son voisin, le Gabon, importent, paradoxalement, du papier alors qu'ils fournissent du bois aux pays occidentaux et émergents. Le Cameroun a consacré près de 500 milliards de francs CFA en 2013 et environ 1000 milliards de francs CFA en 2014 à l'importation des denrées alimentaires, alors que le budget

[13] Fromont Pierre, 1957, p.519.

global du pays ne dépasse pas les 3800 milliards de francs CFA[14]. Le Sénégal, la Mauritanie, le Nigéria ou le Mali en Afrique de l'Ouest importent également à des milliards de francs CFA, des céréales telles que le riz et le blé. La Banque mondiale estime à près de 3,5 milliards de dollars la valeur des importations du riz en Afrique en 2013.

En Afrique subsaharienne, l'agriculture traditionnelle, introvertie, souvent spoliée de ses meilleures terres, moins performante (pratiquée par le plus grand nombre d'agriculteurs) côtoie l'agriculture industrielle, hyperperformante, extravertie, bien structurée et pratiquée par une minorité de capitalistes ou multinationales.

Ce deuxième modèle agricole utilise des semences sélectionnées, des engrais chimiques et pesticides[15], des équipements agricoles modernes (tracteurs, épandeurs) pour produire du café, du thé, du cacao, de la banane, du coton, de l'ananas et de l'hévéa destinés exclusivement à l'exportation dans les pays occidentaux et émergents ; alors que les très faibles rendements de l'agriculture traditionnelle en produits vivriers (maïs, riz, tubercules, mil, sorgho, viandes), obtenus avec des méthodes empiriques, ancestrales, les technologies artisanales et les travaux essentiellement manuels, sont consommés en partie par les producteurs et en partie vendus sur les marchés locaux. Pour combler ce déficit de production alimentaire et surtout satisfaire une demande urbaine en croissance continue, les pays africains font le choix de l'importation.

---

[14] CFA : Colonies françaises d'Afrique. Francs des colonies françaises d'Afrique ; 1 € = 655 FCFA.

[15] Certains de ces produits phytosanitaires (Chlordecone, Dieldrin, Atrazine, ...) sont interdits aux É.-U. et dans l'UE, ainsi que l'épandage aérien des pesticides.

Une option exclusivement politique

Le choix d'importer des aliments, essentiellement politique, permet aux gouvernants en place d'acheter la paix sociale et surtout de préserver leurs positions politiques.

Pour renverser cette tendance, les pays africains peuvent choisir de réduire la production des denrées coloniales comme le café, le cacao, le coton qu'ils ne consomment quasiment pas (un Africain consomme 100 g de chocolat par an contre 7 à 12 kg en Occident)[16] et dont les prix sont fixés par la demande au profit des produits vivriers, dont la production peut facilement être modernisée, ou bien, d'industrialiser ces produits vivriers qui sont consommés localement et dont un important marché continental existe (plus d'un milliard de consommateurs aujourd'hui). En guise d'exemple, le maïs est à la base de l'alimentation de plus de 300 millions d'Africains au sud du Sahara et plus de 100 millions se nourrissent de la banane et du plantain[17].

Le maïs, le blé et le riz couvrent 75 % des aliments de base (en plus du mil, soja et sorgho) des populations du Sud et particulièrement africaines. La spéculation boursière de ces trois céréales renchérit leur prix, étrangle et affame ainsi de nombreuses populations africaines pauvres qui consacrent 50 à 80 % de leur revenu à l'alimentation. Entre mars 2007 et mars 2008[18], le cours du blé a augmenté de 130 % sur les marchés mondiaux, celui du riz de 90 % et celui du maïs de presque 30 %. Les produits laitiers ont augmenté sur cette période de 58 %. Selon l'ONU [2008], ces flambées de prix alimentaires ont sévèrement frappé 82 pays à faible revenu et à déficit

---

[16] Un Français consomme environ 7 kg de chocolat par an et un Suisse 12 kg par an.

[17] Source : FAO.

[18] Afrique Renouveau, juillet 2008.

vivrier (PFRDV) dont 42 étaient africains. Elle indique dans le même rapport que la facture totale des importations des céréales des PFRDV a augmenté de plus de 50 % en 2007 (soit près de 7 milliards de dollars) et en 2008 de plus de 74 % pour les pays africains les plus dépendants des importations.

L'Afrique importe des céréales, du poisson et les produits laitiers pour lesquels elle est fortement déficitaire. Or, elle dispose d'immenses zones maritimes et de milliers de terres agricoles inexploitées. Ces terres, autrefois considérées comme infertiles, improductives et pauvres, sont aujourd'hui convoitées par les puissances occidentales et émergentes pour la culture des denrées agricoles non alimentaires destinées à combler leur besoin en énergie. Quand ces puissances cultivent ces terres pour y semer des céréales (riz, en l'occurrence) ou d'autres produits alimentaires (oléagineux, légumineuses, etc.), c'est tout d'abord pour assurer leur sécurité alimentaire et par la suite leur sécurité énergétique.

Les budgets consacrés à l'agriculture ou à sa modernisation en Afrique sont très insuffisants (inférieur à 3 %) par rapport aux besoins alimentaires des populations en croissance continue et surtout aux OMD fixés par l'ONU en 2000.

En définitive, l'importation des aliments tels qu'elle est pratiquée en Afrique ou ailleurs, pose le problème de sécurité (sanitaire, territoriale) et de souveraineté alimentaire des nations. Elle ruine la production locale et entrave toute velléité de développement économique.

Un espace très convoité

Face à une mondialisation ultra-agressive, omniprésente, l'Afrique ne peut repousser le mercantilisme offensif des pays du Nord. Ceux-ci déversent leurs excédents de production, subventionnés gracieusement (1 milliard de dollars par jour)[19], sur les marchés du Sud, détruisant ainsi les tissus locaux de production et décourageant les producteurs locaux qui abandonnent fatalement leurs terres.

La disparition spectaculaire des terres agricoles en Europe (26 m² de terres agricoles disparaissent toutes les secondes en France)[20] du fait de l'urbanisation, de construction d'équipements et d'infrastructures routières, portuaires et aéroportuaires, amène des pays du Nord et des pays émergents à rechercher des terres en Afrique pour assurer leur sécurité alimentaire et énergétique.

Alors que les denrées alimentaires, produites sur ce continent ne suffisent pas à nourrir intégralement sa population, des millions d'hectares de terres arables sont vendus ou loués aux firmes multinationales ou aux États étrangers riches pour produire industriellement des denrées agricoles alimentaires (palmiers à huile et cannes à sucre principalement) transformées ensuite en produits non alimentaires (biocarburants).

Or, l'agriculture vivrière en Afrique est encore au stade traditionnel alors que la culture des produits d'exportation ou coloniaux (café, cacao, coton, hévéa, bananes, thé, etc.) y est industrialisée. Au regard de la performance de cette dernière et de ses prouesses incontestables dans les pays développés et émergents, ne faudrait-il pas l'adapter aux produits vivriers ? Autrement dit, pourquoi ne pas utiliser les méthodes et techniques de production de l'agriculture industrielle aux produits vivriers en Afrique subsaharienne ?

---

19 S. Brunel (2004).

20 La France perd 70 000 ha/an de terre arable, la Chine en perd 500 000 ha/an et l'Égypte 25 000 ha/an.

Et pourtant les ressources existent

L'Afrique est le continent le plus vaste et le mieux doté de la planète ; elle dispose du tiers des ressources naturelles de cette même planète. La plus grande réserve en eau souterraine se trouve en Afrique[21]. Elle n'utilise que 2 % de ses ressources en eau, alors que la moyenne mondiale est de 5 %. Ce continent dispose d'immenses terres cultivables (1400 millions d'hectares dont seulement 170 millions d'hectares sont exploités), des variétés de plantes médicinales, des bois rares, des minerais précieux et d'importantes ressources naturelles inexploitées. Le faible taux d'industrialisation (12 % de valeur ajoutée manufacturière en moyenne contre 30 % dans les pays d'Asie de l'Est)[22], le faible niveau de pollution (l'empreinte écologique est de 0,8 hag[23] en moyenne), le volume de réserves d'eau encore inutilisées, la quantité de terres disponibles et le faible niveau des rendements agricoles en Afrique montrent que ce continent dispose encore d'un potentiel de production considérable, sans doute le plus important du monde, selon S. Brunel (1999). L'Afrique détient 50 % des terres mondiales non cultivées. Le climatologue et glaciologue français, Jean Jouzel (2014)[24] considère que l'Afrique est bénie des dieux, qu'elle a tout pour produire de l'énergie renouvelable et qu'elle peut réduire sa consommation d'énergie fossile sans perdre de point de croissance économique. Dotée d'immenses richesses en eau et en terre, l'Afrique dispose d'un potentiel extraordinaire qui peut lui permettre de

---

[21] Source : Reportage sur France 2, 2011.

[22] « L'Afrique qui bouge », *Alternatives Internationales*, Hors-séries n° 13, mai 2013.

[23] Hag : hectare global, unité de mesure de l'empreinte écologique

[24] Déclaration sur BFM TV le 23 décembre 2014.

combler ses besoins alimentaires et d'exporter des excédents.
La République Démocratique du Congo (RDC) dispose d'énormes sources minières (le coltan ou tantale, le diamant, par exemple) extrêmement convoitées par les puissances mondiales ; le Niger est le deuxième producteur mondial d'uranium, derrière le Canada ; la République centrafricaine (RCA) regorge d'immenses zones de diamants et d'or ; la Guinée a un sol riche en cuivre et fer ; la Côte d'Ivoire produit du cacao (1er producteur mondial) et du pétrole ; le Cameroun, le Gabon, le Tchad, la Guinée équatoriale, le Nigéria, l'Angola et bien d'autres produisent du pétrole qui leur rapporte annuellement de colossales devises. Les recettes découlant de ces ressources naturelles comme d'autres (bois, coton, manganèse, gaz, etc.) et qui serviraient au développement des secteurs clés de l'économie à savoir l'agriculture, l'éducation, le transport ou la santé sont majoritairement détournées et utilisées à des fins improductives.

Le boom démographique qui s'amorce en Afrique constitue un capital humain déterminant pour l'amélioration de la croissance économique du continent. D'ici 2030, les quatre cinquièmes de nouveaux arrivants sur la planète de 15-25 ans seront africains (Boillot et Dembinski, 2013). L'Afrique subsaharienne constituera pour les jeunes adultes la première région d'expansion démographique du monde. Comme la Chine l'a fait dans les années 1980 et 1990, l'Afrique aura besoin de ces jeunes actifs, bien formés, pour générer rapidement de la croissance en très peu de temps afin de fournir du travail à tous.

Avec un taux de croissance économique moyen de 6 % aujourd'hui (contre 0,3 % dans l'UE) le bonus démographique de l'Afrique devrait, rapidement, contribuer à l'amélioration de ce taux. Boillot J-J et Dembinski S. (2013) pensent que l'Afrique jouerait, d'ici 2025, un rôle plus déterminant dans la contribution à la croissance mondiale que l'Union européenne, du fait de sa démographie ou surtout de ce qu'ils appellent « *le ciseau démographique* »[25].
Au regard de la gravité de la situation alimentaire en Afrique et de différentes ressources, ainsi que des potentialités naturelles et humaines dont elle regorge, l'on peut s'interroger sur sa croissance démographique exponentielle, non seulement pour valider ou contester les thèses malthusiennes, mais pour rechercher des pistes alliant cette démographie au développement économique. La question qui s'impose ici est de savoir si la croissance démographique africaine est une chance ou un problème pour ce continent. Est-elle à l'origine de la famine, de la malnutrition, de la sous-alimentation ou de la pauvreté en Afrique ? L'Afrique peut-elle se nourrir elle-même ? Comment fournir du travail à des jeunes actifs, de plus en plus nombreux, afin d'éviter un chômage de masse en ville ?

---

[25] C'est la représentation d'un véritable ciseau à deux lames qui s'écartent : la lame du bas correspond au vieux monde industriel des anciennes puissances coloniales (pays du Nord), qui stagne autour de 1 milliard d'habitants entre 2000 et 2050 (baisse de la natalité et vieillissement de la population), la lame du haut correspond aux pays du Sud – plus particulièrement les pays émergents avec les trois géants démographiques - qui passe dans le même temps de 5 à 7 milliards d'habitants. L'effet ciseau se manifeste par l'écartement entre les deux lames (Nord et Sud) traduisant un divorce plus profond de dynamique, aussi bien démographique, économique, psychologique que géopolitique.

En Occident, ces fléaux ont été éradiqués grâce à la modernisation de l'agriculture et surtout au développement d'un modèle agricole hyperperformant qui a facilité l'accès des populations à une alimentation variée, en quantité, et à moindre coût. C'est ce qu'on a appelé l'agriculture industrielle, productiviste, intensive ou conventionnelle. Pour sortir les autres régions du monde de la misère, ne doit-on pas s'inspirer de ce modèle et de ses techniques tout en corrigeant ses imperfections aux niveaux environnemental, sanitaire et social ?

Ces questions entourent les différents aspects des problèmes que nous traiterons tout au long de cet ouvrage. Son objectif est, naturellement, de répondre à ces interrogations et surtout de contribuer à la réflexion sur le développement agricole et économique des pays africains, à travers des propositions précises que nous livrerons dans la seconde partie.

Dans un premier temps, nous examinerons les contours historiques et théoriques soulevant la problématique de la faim en Afrique ; ensuite, nous évoquerons des causes du retard de l'agriculture africaine.

PARTIE 1

Évolution historique et causes profondes du retard de l'agriculture africaine

La « secondarisation » de l'agriculture est l'action de l'extirper du secteur primitif pour l'introduire dans l'économie moderne, avec une mécanisation poussée, une spécialisation, une sédentarisation et une industrialisation des activités.
Sur 1300 millions d'exploitations agricoles que compte le monde, 30 millions disposent d'une motomécanisation plus ou moins puissante dans les pays riches, 300 millions ont recours, dans plusieurs régions, aux animaux (ânes, vaches, chevaux, bœufs, dromadaires, buffles, etc.), près d'un milliard pratique une agriculture manuelle utilisant la houe, la machette... Charvet (2009). La majorité des exploitations agricoles en Afrique subsaharienne se trouve dans cette dernière catégorie qui réalise les plus faibles rendements. Ces insuffisances de résultats et du retard de l'agriculture en Afrique ont deux sources. La première source, d'origine extérieure, relève de l'histoire coloniale des pays africains, des politiques économiques des institutions internationales, du regard misérabiliste et des discours pessimistes des experts occidentaux vis-à-vis du continent.
Des exploitations agricoles industrielles, souvent héritées de la colonisation, produisent massivement des denrées destinées à l'exportation. Or, depuis la période coloniale, les rapports de force, sur les marchés à terme où affluent les matières premières africaines, sont déséquilibrés. Le système de « prix mondial », pratiqué sur ces marchés, ne prend pas en compte le coût de production et est une catastrophe pour les pays africains qui s'endettent continuellement. Il est à l'origine de la détérioration des termes de l'échange.
L'économie libérale mondialisée, prônée par le FMI, l'OMC et la Banque mondiale et les programmes d'ajustements mis en place dans de nombreux pays

africains ont été désastreux pour leur agriculture et leur économie rurale.
Au-delà des causes extérieures, on peut relever une responsabilité notoire des Africains dans le retard de leur agriculture. La seconde source du retard est endogène.
Le choix des autorités publiques de consacrer de colossales sommes d'argent à l'importation des denrées alimentaires de base, ainsi qu'à l'achat des armes à feu obsolètes, associé à l'absence de vision ou de politique volontariste, entravent le développement de l'agriculture en Afrique subsaharienne. Les guerres civiles et les conflits internes incessants détruisent les structures de productions agricoles, affament les peuples et bloquent l'évolution agricole. Le sous-équipement des exploitations agricoles et la faible utilisation des engrais chimiques, des semences améliorées et des techniques d'irrigation influencent négativement les résultats agricoles en Afrique tropicale.
Cette partie a pour objet de faire un bref tour historique de l'évolution de l'agriculture en Afrique subsaharienne et d'examiner les motifs de son état actuel. Elle tente d'apporter des réponses aux interrogations suivantes : comment est structurée l'agriculture africaine ? Quelles sont les causes de son retard ? Quelles solutions pour l'améliorer ?

1. Évolution historique et structure architecturale de l'agriculture africaine

1.1. Évolution historique

Au début des années 1960, les jeunes États africains, fraîchement indépendants, avaient choisi d'adopter les plans quinquennaux comme fondement du développement économique de leurs pays. Ces plans permettaient d'utiliser efficacement les ressources rares en les affectant, prioritairement, aux secteurs clés de développement comme l'agriculture, l'infrastructure, l'éducation et la santé. L'industrialisation agricole sera sacrifiée. Une pléthore de plans fut rédigée au ministère de la Coopération par des coopérants qui avaient, très souvent, peu de connaissances sur les pays africains. Cette méconnaissance du continent et des Africains conduisait à la rédaction des plans qui ne répondaient souvent pas aux aspirations des populations locales et des autorités africaines.

En matière agricole, ces plans privilégiaient les cultures de rentes (café, cacao, thé, coton, arachide, etc.) destinées à l'exportation et dont les prix payés aux producteurs n'étaient pas rémunérateurs. Les pluies abondantes à cette époque favorisaient de bonnes récoltes. Cependant, les récoltes vont varier suivant le niveau de pluviosité. Les agriculteurs n'étaient ni formés à l'utilisation optimale de produits phytosanitaires ni à la pratique des techniques culturales modernes, nécessaires à l'accroissement de production en cas de sécheresse.

À la fin des années 1960, la stratégie d'exportation de matières premières agricoles pour financer les villes et l'industrie va montrer ses limites lorsqu'intervient la sécheresse.

À partir de 1970, le retour de la sécheresse va provoquer une baisse des récoltes, particulièrement au Sahel qui connaîtra une grave famine. Les techniques agricoles ne vont pas changer malgré l'adoption d'une nouvelle stratégie de développement économique des pays africains basée sur l'industrialisation. La mauvaise gestion des entreprises industrielles, les détournements des fonds publics et les modèles de développement mal adaptés

entraîneront l'endettement et la faillite de nombreuses industries consacrant ainsi l'échec de cette stratégie à la fin des années 1980.
C'est surtout à partir de 1980, après le plan d'action de Lagos, que l'agriculture sera reclassée au premier rang des priorités du développement économique en Afrique. En 1986, les dirigeants africains vont présenter à l'ONU, un programme de redressement économique (PANUREDA)[26] d'une valeur de 128 milliards de dollars[27], dont 45 % étaient consacrés à l'agriculture proprement dite et 47 % au financement des infrastructures routières, des industries d'amont et d'aval. Mais les pays riches n'ont pas apporté leur soutien à ce programme ; laissant ainsi l'agriculture africaine dans l'état de pauvreté et de dualité que l'on connaît aujourd'hui.
En 1990, le programme d'ajustement structurel (PAS) imposé par le fonds monétaire international (FMI) aux États africains endettés va démanteler toutes les structures d'encadrement, de formation des paysans et d'achat-vente de produits agricoles, mises en place par les États. Subitement, les agriculteurs se sont retrouvés devant les acheteurs et entreprises privées qui ne leur garantissaient pas les rémunérations satisfaisantes. Mal rémunérés, sans suivi et sans prise en charge, les agriculteurs vont se décourager et abandonner les cultures d'exportations. Certains vont se lancer dans les cultures vivrières pour survivre alors que d'autres vont émigrer en ville pour chercher un travail salarié.
Les campagnes, de plus en plus misérables, vont se vider de leurs forces vives (jeunes et moins jeunes) qui iront gonfler le nombre de demandeurs d'emplois et de bouches

---

[26] PANUREDA : Programme d'Action des Nations Unies pour le Redressement Economique et le Développement de l'Afrique.
[27] René Dumont (1988), *Un monde intolérable. Le libéralisme en question,* Seuil, Paris. p.120.

à nourrir en ville. Pour répondre aux besoins alimentaires de ces citadins afin d'éviter des troubles sociaux, les gouvernements africains importent des denrées alimentaires à des valeurs monétaires dépassant le budget qu'ils consacrent à l'agriculture. La priorité des États à l'horizon 2030 serait d'inverser cette tendance, c'est-à-dire financer plutôt le productif (agriculture, par exemple) que le social. Cette ambition s'inscrit dans les Objectifs du Millénaire pour le Développement (OMD) fixés par l'ONU en 2000 et visant à réduire de moitié le nombre d'affamés, de lutter contre la pauvreté, de faciliter l'accès à la santé, à l'éducation et à l'eau potable dans les pays pauvres à l'horizon 2015.
L'un des problèmes majeurs de l'agriculture africaine aujourd'hui concerne sa structure. Les exploitations agricoles sont en majorité de très petites tailles (moins de un hectare), parfois difficiles à moderniser ; elles n'ont aucune reconnaissance officielle et ne peuvent donc recevoir aucune aide financière publique ou obtenir des prêts bancaires. Depuis une dizaine d'années, on observe un début d'installation de fermes modernes, à capitaux privés, de productions avicoles (poules pondeuses et poulets de chair).

1.2. Structuration de l'agriculture africaine

Le plan architectural de l'agriculture des pays africains au sud du Sahara repose sur deux niveaux (ou étages) depuis la période coloniale :

- *au rez-de-chaussée ou au niveau inférieur*, on a une agriculture de subsistance qui héberge un très grand nombre d'agriculteurs (5 millions au Cameroun sur une population totale de 21 millions d'habitants). Ces derniers,

peu aidés par les pouvoirs publics et les banques, cultivent des produits vivriers destinés en partie à leur consommation propre et l'autre partie au marché local. Les techniques y sont ancestrales et empiriques, les outils de production rudimentaires et obsolètes et leur productivité est faible. La forme d'agriculture généralement pratiquée est l'essartage ou l'agriculture itinérante sur brûlis : les agriculteurs défrichent par le feu, sèment et plantent dans les cendres. Ce système agricole traditionnel exige très peu de matériels agricoles, peu d'engrais chimiques, peu d'investissement, mais beaucoup de terres.
Les exploitations agricoles sont de petites tailles (moins de un hectare), généralement familiales, dans un modèle très extensif. Des produits issus de cette agriculture traditionnelle ou « primaire » sont confrontés, sur les marchés locaux ou nationaux, à la concurrence impitoyable des denrées provenant de l'agriculture industrielle des pays étrangers et du niveau supérieur local ;
- *à l'étage ou au niveau supérieur* se trouve une agriculture industrielle, rescapée de la colonisation, qui accapare les meilleures terres cultivables et qui a une perspective commerciale débordant les frontières nationales. Elle utilise des techniques et des outils de production modernes de la société industrielle. Ses récoltes massives sont essentiellement exportées en Occident (café, coton, cacao, thé, hévéa, etc.). Les exploitations sont gigantesques et s'inscrivent dans un modèle intensif. Ses acteurs, peu nombreux, sont composés de riches agriculteurs locaux, des firmes multinationales et dans une certaine mesure, des États africains. Le niveau élevé de la productivité agricole permet de produire en abondance des denrées alimentaires dont les excédents, qui peuvent être distribués localement

aux millions de pauvres, sont détruits dans les champs. Cette catégorie d'agriculteurs ne cherche pas à lutter contre la faim ni à contribuer au développement local. Les bassins de production industrielle de banane, cacao, café au Cameroun, en Côte d'Ivoire, du coton au Burkina Faso, d'arachide au Sénégal, du bois au Gabon, au Congo, etc., n'ont généralement pas de routes bitumées, d'hôpitaux ou centres de santé fiables, d'écoles et des centres de loisirs dignes de ce nom. Aucune industrie de transformation de ces matières premières n'existe localement. Des ouvriers agricoles et des populations y sont souvent plus pauvres qu'ailleurs. Il suffit de visiter les villes de Yamoussoukro et San Pedro en Côte d'Ivoire, de Njombe, Bertoua, Nyété et Mbandjock au Cameroun, de Houndé au Burkina Faso, de Dinguiraye au Sénégal, pour mesurer l'écart entre l'ampleur des richesses extraites et le niveau pitoyable de la pauvreté des populations locales ainsi que des infrastructures routières, sanitaires, scolaires dans ces villes. Ce sont, par ailleurs, les régions les moins développées de leurs pays et dont les structures économiques sont restées sur un schéma colonial. René Dumont soulignait à cet égard au sujet de l'entreprise ALUCAM au Cameroun que : « *ALUCAM d'Edéa constitue déjà une sorte de corps étranger dans l'économie camerounaise, car elle ne contribue guère à la développer. Elle paie des redevances et des salaires, donc fournit quelques débouchés à l'agriculture locale, mais aucune industrie de l'aluminium n'en est dérivée.* » Or, l'on sait que c'est la transformation des matières premières qui génère le plus de richesses pour les pays. Cette situation est identique à toutes les régions produisant des matières premières d'exportation.
Cette double vitesse de l'agriculture africaine ne peut l'extirper de l'état dans lequel elle se trouve. La responsabilité de cette situation d'enlisement de

l'économie en zones rurales incombe en grande partie aux dirigeants africains, mais aussi au pillage perpétuel des ressources naturelles effectué par des pays riches et leurs entreprises multinationales.

2. Les causes du retard de l'agriculture africaine au sud du Sahara

On relèvera des causes extérieures qui s'articulent autour de l'influence de la colonisation, de l'aide alimentaire, du programme d'ajustement structurel (PAS), du marché mondial, des discours pessimistes des Occidentaux, et enfin les causes internes qui se focalisent sur les guerres ou les conflits internes, l'absence de volonté politique, le sous-équipement et les importations massives.

2.1. Les causes exogènes

Avant la période coloniale, les populations africaines, très peu nombreuses, ne connaissaient pas le phénomène de la faim. La densité de la population était très faible. Les paysans pratiquaient de l'agriculture itinérante sur brûlis qui leur fournissait suffisamment de la nourriture. Les périodes épisodiques de disettes n'intervenaient qu'en l'absence des pluies. L'arrivée des colons européens au 20e siècle sera marquée, sur le plan agricole, par le développement des cultures de rentes (cacao, coton, café, thé, arachide, etc.) dont les récoltes seront expédiées en métropoles. Ces colons vont apporter en Afrique des plantes telles que : le maïs, le manioc, la pomme de terre, le bananier, la canne à sucre, etc.

2.1.1. Le poids de la colonisation

Dans son ouvrage intitulé, ***Un monde intolérable*** (1988), R. Dumont affirmait que l'Afrique a été de plus fort maltraitée par l'histoire : tout d'abord les conquérants arabes, puis européens, qui furent plus soucieux d'y trouver de l'or, de l'ivoire, de la gomme et des esclaves que d'encourager son agriculture au préalable, son économie générale ensuite.

À cause de la colonisation, l'agriculture en Afrique a un caractère dualiste. Elle a poussé les dirigeants africains à négliger les cultures vivrières et à favoriser les cultures d'exportation sur lesquelles ils prélevaient excessivement des taxes de sortie pour subventionner la consommation des denrées alimentaires importées et destinées aux citadins.

La stratégie consistant à privilégier les industries et les centres urbains au détriment de l'agriculture en milieu rural de 1960 à 1980 a échoué partout en Afrique. La plupart des grands projets industriels et des fermes d'État (type Sovkhoze) – au Mozambique, par exemple – mis en place après les indépendances, se sont soldés par des échecs. Ceux qui ont survécu jusqu'à présent sont en permanence sous perfusion des subventions publiques. Ce qui explique en partie, la sous-alimentation, la malnutrition, la pauvreté et le déficit alimentaire qui y règnent, ainsi que de l'endettement lourd, du chômage chronique et de la sclérification de l'économie qui entravent le décollage des pays.

Les modèles de développement mis en place en Afrique par les colons et destinés à l'approvisionnement de la métropole en matières premières ont, non seulement conduit à l'échange inégal, à la détérioration des termes de l'échange et à l'endettement, mais aussi à l'enracinement

de ce schéma colonial de production dépendant du marché mondial.
Paul Bairoch [1930-1999] avait fait remarquer en 1971 que la domination coloniale sur l'Afrique, la baisse des coûts de transport et la révolution industrielle avaient permis d'amplifier considérablement ce système d'exploitation. « *De 1900 à 1936, la production de produits agricoles non vivriers a progressé d'environ 3 % par an, c'est-à-dire plus de trois fois plus vite que la population des pays développés ; les niveaux de saturation étant atteints vers 1955 pour la plupart des produits dans la quasi-totalité des pays développés occidentaux.* », écrivait-il.
Les colons européens avaient imposé, partout en Afrique, des gouvernements plutôt politiques et militaires qu'économiques. Les infrastructures routières, portuaires (port d'Abidjan, par exemple), ferroviaires et aéroportuaires, construites pendant la période coloniale, avaient pour but de faciliter l'écoulement en Occident et le développement des cultures de rentes (café, cacao, thé, hévéa, coton, arachide, etc.). À ce titre, R. Dumont (1962) écrivait à propos de Jules Méline [1838-1925] qu'il voulait « *décourager par avance les tentatives industrielles qui pourraient se faire jour dans nos colonies, obliger en un mot, nos possessions d'outre-mer à s'adresser exclusivement à la métropole pour leurs achats de produits manufacturés et à remplir, de gré ou de force, leur office naturel de débouchés réservés par privilège à l'industrie métropolitaine.* ».
Certains chercheurs accusent les puissances coloniales d'avoir désorganisé les sociétés équatoriales et de leur avoir fait perdre la maîtrise de leur environnement. Le commerce des esclaves, en vidant de vastes territoires et en favorisant le retour de la brousse, a contribué au développement des maladies telles que : la maladie du

sommeil et la trypanosomiase (D. Landes, 1993). L'état des brousses, des maladies et le dépeuplement ont freiné le développement des cultures dans de nombreux pays colonisés. D'après E. Smith (2009), la colonisation a introduit des bouleversements majeurs (même si ni la ville, l'école, l'État, l'armée, l'impôt, les armes à feu ou l'écriture ne sont nés avec la colonisation en Afrique) qui font de cette période de l'histoire africaine l'une des plus complexes sur le plan du changement social. C. Lévi-Strauss écrira en 1952 que : « *La civilisation occidentale a installé ses soldats, ses comptoirs, ses plantations et ses missionnaires dans le monde entier ; elle est, directement ou indirectement, intervenue dans la vie des populations de couleur ; elle a bouleversé de fond en comble leur mode traditionnel d'existence, soit en imposant le sien, soit en instaurant des conditions qui engendraient l'effondrement des cadres existants sans les remplacer par autre chose.* » Il précisera aussi que : « *Les peuples subjugués ou désorganisés ne pouvaient donc qu'accepter les solutions de remplacement qu'on leur offrait, ou, s'ils n'y étaient pas disposés, espérer s'en rapprocher suffisamment pour être en mesure de les combattre sur le même terrain* ».

L'idéologie assimilationniste des colons européens a détruit le socle culturel ou traditionnel dans certaines régions d'Afrique (disparition des religions, de l'administration traditionnelle, des langues vernaculaires, etc.).

Durant la période coloniale[28], les Occidentaux arrivaient en Afrique avec la bible pour évangéliser ou civiliser les Africains qui, selon eux, avaient des croyances « abjectes ». Ils ont érigé des églises partout et détourné

---

[28] « Quand les Blancs sont venus dans notre pays, nous avions la terre, et eux, la Bible. Maintenant, nous avons la Bible et eux, la Terre », Résumé du marché de la conquête coloniale en Afrique Australe.

les Africains de leurs pratiques ancestrales. Ils ont également apporté des plantes comme la banane, le café, le cacao, le thé, qui les ont détournés de leurs cultures traditionnelles. L'apport des céréales telles que le blé, le riz, sous forme d'aide alimentaire, a modifié les habitudes alimentaires des Africains. Dans les villes, des aliments de base tels que les tubercules (manioc) sont abandonnés au profit des aliments à base de blé (pain, beignet, etc.).

2.1.2. L'aide alimentaire

L'aide alimentaire peut être considérée aujourd'hui comme un outil moderne et subtil de colonisation alimentaire ou d'occidentalisation de l'alimentation. Distribuée par l'Occident (principalement les É.-U. et l'UE) aux pays pauvres, elle influence le régime alimentaire des populations bénéficiaires. Le blé ou la farine de blé déversé en Afrique a contribué indéniablement à la modification des habitudes alimentaires des populations africaines (particulièrement citadines). Ces dernières consomment de plus en plus des denrées alimentaires à base de blé (pain de blé, beignets de blé) au détriment des tubercules tels que le manioc, l'igname ou le taro ; ce qui impacte négativement la production locale de ces produits vivriers. La baisse de la demande de ces produits locaux entraîne la baisse de l'offre sur les marchés citadins et par conséquent la diminution de la production.
L'aide alimentaire est également apportée dans un but stratégique latent. En 2012, l'administration américaine du président Barak Obama a accordé 240 000 mètres cubes d'aide alimentaire à la Corée du Nord pour nourrir une population qui meurt de faim, en échange de l'arrêt de

l'enrichissement en uranium de la fabrication de sa bombe nucléaire.

2.1.3. Les discours pessimistes

De nombreux auteurs ont répandu pendant plus de trois décennies un discours fondé sur l'afropessimisme. Cette pensée appréhendait les questions africaines généralement sous un angle misérabiliste et condescendant, voire même différentiel ou oppositionnel vis-à-vis de l'Occident. L'image de l'Afrique était explicitement vilipendée dans les médias occidentaux et reprise par les autres médias du monde.

R. Dumont déclarera en 1973 que l'Afrique noire est « mal partie » pour sortir du sous-développement, car elle part de bien plus bas que l'Amérique latine et même l'Asie. En 1965, Paul Moral envisagera une « haïtisation »[29] de l'ensemble de l'Afrique noire. Quant à Albert Meister, le démarrage sérieux d'une politique de développement en Afrique est encore impossible, vu la position hégémonique des États-Unis d'Amérique.

Ces discours ont été repris en écho pendant des décennies par des intellectuels africains. Des millions de travaux universitaires de fin d'études et des thèses de doctorat soutenues par des étudiants africains ont remis en perspectives ces idées et propos des auteurs occidentaux qui apparaissent, aujourd'hui, comme une insulte à l'imagination ou à l'ingéniosité de leurs parents. Combien d'économistes et d'ingénieurs africains ont soutenu dans leurs travaux que les méthodes culturales africaines étaient archaïques, que les terres africaines étaient pauvres et improductives ? Les techniques de compostage des

[29] Le fait de se retrouver dans l'état de pauvreté chronique et de difficultés économiques similaires à celui d'Haïti.

déchets ménagers et de recyclage des déchets des activités économiques ne sont pas récentes en Afrique. L'économie circulaire, qui apparaît en Occident en 1990, a toujours été pratiquée dans les pays pauvres, en l'occurrence en Afrique subsaharienne. Les paysans africains avaient un savoir-faire ancestral qui les amenait à varier les cultures selon les saisons, à pratiquer la jachère opportunément. Ils ont toujours utilisé des engrais verts (compost, fumures, déjections animales, etc.) dans leurs champs. Leurs traditions et les croyances animistes résiduelles faisaient le lien avec la terre.
L'ancrage de cette pensée pessimiste à propos de l'Afrique n'a pas été sans effet sur le comportement ou l'attitude entrepreneuriale des jeunes Africains. Des investisseurs étrangers, écoutant régulièrement ces discours, ne pouvaient envisager aucun projet dans cet espace géographique. Même face aux progrès réalisés aujourd'hui en Afrique (taux de croissance économique à 2 chiffres, réduction de la faim et de la pauvreté, modernisation des infrastructures routières, sanitaires, etc.), ce discours n'a pas totalement disparu et les médias occidentaux tardent à montrer ou à évoquer le basculement en vue de l'économie africaine.
Les gros investissements chinois et des pays du BRICS (Brésil, Russie, Inde, Chine et Afrique du Sud) amènent les États-Unis d'Amérique (É.-U.) et les autres puissances coloniales à se redéployer en Afrique sur le terrain économique.
La situation économique de la majorité des pays africains reste meilleure que celle d'Haïti, principalement en ce qui concerne le produit intérieur brut (PIB).

2.1.4. Le Programme d'Ajustement structurel (PAS)

Après les indépendances en 1960, de gigantesques projets de développement industriel et agricole (production et exportation de matières premières) ont obtenu le soutien des institutions internationales (FMI, Banque mondiale) et des pays industrialisés. Mais, après plus d'une décennie, ces projets ont quasiment tous échoué, entraînant ces États indépendants dans un endettement insupportable (en 1980, la dette extérieure africaine atteignait 90 % de ses exportations annuelles et 228 % en 1987)[30]. En 1986, les cours des matières premières vont s'effondrer et la valeur des exportations africaines passera de 64 milliards de dollars à 45 milliards de dollars. L'Afrique versera aux banques privées 400 millions de dollars de plus qu'elle ne leur a empruntés et paiera 18 milliards d'intérêts de la dette. Cette situation amènera R. Dumont (1988) à déclarer que « *ce sont désormais les pauvres qui financent les riches* ».

Les mêmes institutions, en l'occurrence le FMI et la Banque mondiale[31], qui avaient imposé ce modèle de développement inadapté aux Africains, vont remettre en cause cette stratégie (développement par l'exportation des matières premières) et contraindre les pays africains endettés à un ajustement structurel en 1990. Ce programme avait pour but de résoudre les problèmes d'endettement (annulation des dettes sous certaines conditions) des pays pauvres en rétablissant l'équilibre

---

[30] R. Dumont (1988).

[31] Le Rapport de la Banque mondiale de mars 1986 indiquait que : « Une douzaine de pays pauvres d'Afrique subsaharienne ont des problèmes d'endettement si graves qu'ils ne pourront être résolus par les accords de rééchelonnement, il paraît impossible d'alléger sensiblement l'endettement de ces pays avant la fin du siècle ».

financier à court terme afin de sauvegarder leur accès au crédit international.
D'une part, le FMI réduit drastiquement la demande intérieure à travers les opérations « vérité des prix », met un terme aux subventions diverses et rétablit à court terme l'équilibre des comptes.
De l'autre, la Banque mondiale œuvre à moyen terme en préconisant la restructuration du secteur productif et la privatisation des entreprises publiques à travers l'opération appelée, « *Consensus de Washington* »[32].
Mais ces mesures, très complexes, vont exiger la plupart du temps des réformes politiques draconiennes. L'application des PAS aux pays africains affaiblira l'économie et plus particulièrement le secteur agricole des pays concernés.
La politique agricole mise en place en Afrique dans les années 1960 a été démantelée en 1990 par des exigences de ces institutions de Brettons Wood (FMI, Banque mondiale). Les plans quinquennaux qui boostaient l'agriculture ont été rabotés jusqu'à l'extrémité pour finalement rendre l'âme. La libéralisation de l'économie africaine, imposée aux pays par le FMI à travers le PAS, a asphyxié et détruit tous les offices ou boards publics encadrant l'agriculture et les agriculteurs. Ce fut le cas de la CNCA, du SSS et du CARDER au Bénin; du CNEA, ONAVET, SOSUCO, SOFIVAR, CNA au Burkina Faso; de SODERIZ, SERIC, COTIVO, de la Caisse de

[32] Dans son ouvrage intitulé, *Race et histoire* (1952), C. Lévi-Strauss considère que « l'humanité est en permanence aux prises avec deux processus contradictoires dont l'un tend à instaurer **l'unification**, alors que l'autre cherche à maintenir ou à rétablir la **diversification** ». Le *consensus de Washington* traduit cette volonté d'imposer une vision uniforme de développement inspirée par l'Occident. Mais cette « adhésion » au mode de vie occidental résulte moins d'une décision libre que d'une absence de choix.

stabilisation et de soutien des prix des produits agricoles en Côte d'Ivoire, de l'UCCAO au Cameroun.
Tous ces offices ont disparu avec l'avènement du PAS et la privatisation des entreprises publiques. Cette disparition a entraîné celle de nombreux agriculteurs. Les paysans africains étaient les producteurs agricoles les plus lourdement taxés au monde, l'une des raisons étant probablement que l'agriculture a été une source capitale de revenu pour les gouvernements africains. Ils étaient taxés explicitement par la fixation des prix à la production (faiblesse des prix payés aux producteurs), la taxation des exportations et la taxation des intrants agricoles. Ils étaient également taxés implicitement par taux de change surévalués, qui pesaient à la baisse sur les prix à l'exportation, et par les niveaux élevés de protection des produits industriels, qui faisaient monter les prix à la consommation.
Le PAS a exigé et obtenu la suppression du subventionnement des engrais ; ce qui a réduit leur utilisation et compromis le développement de la production alimentaire.
L'élimination des subventions s'est faite plus lentement que prévu, et les progrès ne sont venus souvent qu'après de longues négociations entre gouvernements et bailleurs de fonds.
La moitié des pays en cours d'ajustement structurel ont intégralement aboli les subventions et libéralisé leur système de distribution. Ce qui a provoqué un désastre dans les campagnes : baisse des rendements et des revenus, abandon des cultures d'exportation, montée de la pauvreté, exode rural. Les systèmes scolaires et de santé, la culture et les offices agricoles seront dépouillés et plongés dans la misère. L'économique sera privilégié au détriment du social et du culturel. Cependant, ces mesures draconiennes ne vont pas stopper l'endettement des pays

africains, alimenté en grande partie par l'éternel échange inégal entre les pays riches et les pays pauvres et en partie par le gaspillage de l'aide extérieure (ventes d'armes ou de véhicules particuliers).

2.1.5. Les limites de la mondialisation ou l'échange inégal

La mondialisation de l'économie n'est pas un phénomène récent en Afrique. Elle remonte à la période coloniale, non seulement avec le flux des esclaves noirs, mais aussi avec l'expédition des matières premières et d'autres denrées de base africaines vers les pays riches. Les principaux échanges entre les pays riches du Nord (consommateurs) et les pays pauvres du Sud (producteurs) reposaient essentiellement sur les matières premières indispensables au développement industriel des pays du Nord. Tous les marchés référentiels de ces matières premières (pétroles, café, cacao, coton, etc.) étant domiciliés dans les pays du Nord (Londres, Chicago, New York, etc.), ces derniers se sont approprié la fixation des prix (marchés de demande) qu'ils orientent régulièrement, à leur avantage, vers le bas. Cet échange inégal, qui persiste depuis 1957, affaiblit les chances de développement de l'économie africaine. La chute permanente des cours des matières premières, associée à la détérioration des termes de l'échange, entraîne la baisse des revenus des producteurs et appauvrit considérablement les pays africains au sud du Sahara. L'entrée de ces pays dans l'organisation mondiale du commerce (OMC)[33], institution qui prône le libre-échange,

---

[33] Depuis les années 1970, il existe, dans le cadre du GATT ou OMC, « le système généralisé de préférences » réservé aux pays en développement, qui offre aux pays industrialisés la possibilité d'octroyer aux pays pauvres de leur choix des facilités d'exportations

n'a ni résolu le problème du déséquilibre des termes de l'échange et de la pauvreté ni procuré un quelconque avantage tel que l'énoncent les partisans de D. Ricardo[34]. Les pays industrialisés vendent toujours à des prix très élevés leurs produits manufacturés, qui endettent lourdement des pays africains et leur achètent toujours à des prix bas les matières premières qu'ils transforment en Occident. Pendant que les chocolatiers suisses ou belges et les torréfacteurs français perçoivent des marges de plus en plus élevées, les producteurs ivoiriens et éthiopiens de cacao ainsi que les producteurs kenyans de café reçoivent des prix inférieurs aux coûts de revient de leurs produits. Ces irrationalités économiques[35] ou paradoxes des matières premières abiment l'effort des paysans africains et freinent l'évolution de l'économie rurale. Les recettes d'exportations de certains pays – en l'occurrence ceux des pays de la zone franc[36] CFA – ne leur parviennent qu'en partie (environ 35 %), la majeure partie restant au Trésor français dans leur compte d'opérations courantes.

Les accords de partenariat économique (APE) – facilitant le libre-échange – viennent d'être conclus (juillet 2014) entre l'UE et des pays africains. Ces accords commerciaux prétendent faciliter les exportations des matières premières et des produits manufacturés des pays africains en Europe.

---

pour certains produits, sans réciprocité et sans application de la clause de la nation la plus favorisée.

[34] Selon David Ricardo, « le libre-échange est un jeu à somme positive », c'est-à-dire que chaque pays trouve son compte dans le libre-échange. Il estime que le libre-échange est plus avantageux que l'autarcie.

[35] Les pays producteurs de café reçoivent entre 3 et 7 % du prix de vente (ils en recevaient 30 % dans les années 1980) alors que le torréfacteur perçoit plus de 35 % du prix, tout comme le distributeur.

[36] Dans des colonies françaises d'Afrique, la politique monétaire était construite autour d'une monnaie commune, le franc CFA, ayant une parité fixe avec le franc français.

Or, les pays africains signataires exportent déjà sans difficulté leurs matières premières (pétrole, gaz, bois, café, cacao, diamant, manganèse, uranium, etc.) et ne peuvent donc ni fournir plus de matières premières ni exporter des produits manufacturés, car leurs capacités productives et leurs niveaux d'industrialisation sont extrêmement faibles. Les échanges profiteraient plus aux pays industrialisés de l'UE qui déverseront les excédents de leurs produits agricoles et manufacturés en Afrique ; ce qui tuerait dans l'œuf des industries naissantes ou embryonnaires et des petites structures de production existantes. En 2000, un accord du même ordre (AGOA) avait été conclu entre des pays africains et les É.-U. sur le principe de « Trade, not Aid ». L'African Growth and Opportunity Act (AGOA) avait pour but de supprimer les barrières douanières sur des exportations africaines vers les É.-U.. Sachant que les importations américaines dans le cadre de l'AGOA portaient essentiellement sur les produits pétroliers (75 %) et (10 % pour le coton)[37], les pays africains bénéficiaires de l'AGOA, après deux ans, furent principalement les pays pétroliers (Nigéria, Gabon) et semi-industriels (RSA, Kenya). Par contre, les É.-U. exportaient massivement leurs excédents de céréales (maïs, blé, principalement) vers les pays africains.
Dans le contexte actuel des échanges internationaux, les pays en développement (dont les pays africains au sud du Sahara) ne peuvent pas sortir de la pauvreté ; ils subissent les règles de l'OMC et des institutions financières internationales dont les principes sont plutôt favorables aux pays riches. Ces derniers protègent leurs intérêts dans les échanges internationaux en contraignant les pauvres à les approvisionner à des conditions plus avantageuses. J. Ziegler (2009), considère cette situation comme une situation d'« oppression » du fort sur le faible et suggère la

[37] Sylvie Brunel (2004).

fermeture de la Bourse des matières premières agricoles de Chicago qui œuvre en faveur des pays demandeurs de ces matières premières.

Cette attitude hégémonique des pays riches a certes contribué au ralentissement de l'agriculture africaine, mais elle n'en est pas l'unique cause. Les Africains ont également leur part de responsabilité dans l'état actuel de leur agriculture.

2.2. Les causes endogènes

Les populations souffrent de faim encore en Afrique parce que les pouvoirs publics n'apportent pas suffisamment de soutien à l'agriculture et aux agriculteurs, n'ont pas mis en place de réelles politiques agricoles ou de vraies réformes agraires, ne limitent pas les importations des denrées alimentaires et enfin parce que les conflits internes y sont récurrents. Les techniques agricoles encore utilisées sont obsolètes et rudimentaires pour répondre au défi démographique.

Selon la FAO (2008), « *L'augmentation du nombre de personnes souffrant de la faim en Afrique subsaharienne est, en grande partie, due à un seul pays, la République Démocratique du Congo, qui est en permanence le théâtre de violents conflits armés* ».

2.2.1. Les guerres civiles et les conflits internes

De 1970 à 2012, l'Afrique subsaharienne a connu une cinquantaine de guerres civiles ou conflits internes qui ont malheureusement détruit les structures et les équipements de production.

Les guerres empêchent les paysans d'accéder à leurs champs, les éloignent de leurs terres (du fait des déplacements des personnes), déstabilisent les familles et affament les populations. Elles polluent les sols et les eaux, utiles à la production agricole.
La guerre du Biafra [1967-1970], d'horribles tueries en Ouganda sous Idi Amin Dada, des multiples soulèvements de l'Érythrée contre l'Éthiopie, la guerre du Front Polisario contre le Maroc, la guerre entre la Somalie et l'Éthiopie, les guerres en Angola, Mozambique, au Soudan, en RCA, Côte d'Ivoire, au Tchad, Mali, Rwanda, Congo, en Libye, en RDC, associée aux coups d'État en Guinée, en Gambie, Madagascar, Burkina Faso, etc., sont des ralentisseurs de productions agricoles et des freins au développement économique.
Depuis 2009, de violentes attaques armées de la secte islamiste, Boko Haram, contre des populations et l'État nigérian, ont déstabilisé le nord du Nigéria ainsi qu'une partie des territoires voisins : le Cameroun, le Niger et le Tchad. Des enlèvements de personnes (200 jeunes filles en 2014) et des assassinats perpétrés jusqu'à présent (2146 morts en janvier 2015, 1319 en septembre 2014 et 700 en juillet 2009)[38] ont bouleversé la vie des populations qui abandonnent leur village, leur terre pour échapper à la mort. Ils ont provoqué la faillite de nombreux commerçants et industriels au Tchad (suspension des échanges commerciaux et fermeture de sa frontière avec le Nigéria en 2009), au Cameroun et au Nigéria. Les structures de production agricoles et les élevages de bétail sont anéantis dans des zones attaquées par Boko Haram. Les récoltes sont brûlées et les troupeaux décimés.
Ces guerres et conflits internes affament les populations, appauvrissent les pays, mettent en péril les structures de production agricole et industrielle. Ils détournent, une fois

[38] Source : Journal *Le Monde* du vendredi 23 janvier 2015.

de plus, les dirigeants africains du sujet clé de leur développement économique.

2.2.2. L'absence de volonté politique

Les dirigeants africains ont négligé l'agriculture en suivant les conseils des experts occidentaux qui les ont conduits fatalement à l'échec. Le président guinéen, Sékou Touré, fut parmi ceux qui avaient placé l'agriculture en fin de liste d'attente des objectifs de développement de leur pays. Il déclarait en 1959 que l'agriculture n'avait pas grande importance pour son pays.

Cependant, d'autres présidents africains, en l'occurrence Houphouët-Boigny de Côte d'Ivoire et Ahmadou Ahidjo du Cameroun, avaient fait le pari de l'agriculture. Contrairement à Sékou Touré, le président camerounais Ahidjo cherchait à désintéresser les Camerounais du pétrole et de ce qu'il rapporte au pays en prônant publiquement, chaque fois que l'occasion se présentait, son attachement à l'agriculture. Sa formule célèbre se résumait comme suit : « *Avant le pétrole, il y avait l'agriculture, après le pétrole il y aura l'agriculture* ».

Des taxes colossales tirées des exportations des cultures de rente ont été utilisées par des dirigeants à des fins d'enrichissement personnel ou à des constructions des villas en ville au lieu d'être investies dans le développement agricole. Les idées révolutionnaires des ingénieurs formés à l'étranger n'ont souvent pas été prises en considération par les dirigeants. Ces derniers ont souvent été incapables de prendre des mesures fortes conduisant à une véritable réforme agraire. Les politiques agricoles, souvent énoncées dans leurs discours variés, ne sont pas appliquées, faute d'une volonté politique. Les budgets alloués par ces dirigeants à l'agriculture sont insignifiants (moins de 1 % dans certains pays) par rapport aux besoins en investissement du secteur agricole. Les aides des organisations internationales pour financer et équiper les exploitations agricoles sont détournées par les autorités administratives.

2.2.3. Le sous-équipement et la faible productivité

Entre 1980 et 1995, l'Afrique subsaharienne a été la seule région à voir sa production vivrière baisser, avec un recul du rendement moyen de 8 % contrairement à l'Asie et à l'Amérique latine qui ont vu leur production augmentée respectivement de 27 % et 12 %. Cette tendance persiste toujours.

En Afrique, on récolte 600 à 700 kg de céréales par hectare cultivé, alors qu'en Europe, l'agriculteur récolte 10 tonnes, soit 10 000 kg, de blé par hectare. Cet écart de productivité s'explique par l'utilisation, en Europe, des moyens modernes de production tels que : semences sélectionnées, irrigation, engrais chimiques et organiques, pesticides, herbicides, fongicides, tracteurs sophistiqués, etc.

Les engrais sont fort peu utilisés en Afrique subsaharienne à cause de leurs coûts élevés. 9 kilogrammes d'éléments nutritifs y ont été consommés par hectare de terre arable en 1990 ; ce qui est nettement en dessous des 69 kg utilisés en Asie du Sud et des 262 kg utilisés en Chine. Cette dernière utilise 4 fois plus d'engrais chimiques à l'hectare que les É.-U. et 3 fois plus que l'Inde qui, à son tour, utilise au moins 3 fois plus d'engrais que l'Afrique subsaharienne. La France, troisième pays consommateur de pesticides, après le Japon (2e) et les É.-U. (1er), utilise 63 000 tonnes d'engrais par an.

Les engrais chimiques sont en général coûteux en Afrique parce que les achats se font en petits volumes, à cause de l'inefficacité des systèmes de distribution et parce que les coûts d'expédition, de manutention et de transport intérieur sont élevés. Leur faible utilisation freine la progression de la production agricole.
Par ailleurs, l'Afrique subsaharienne compte moins de 100 000 tracteurs et près de 250 000 têtes d'animaux de trait contre 4 800 000 tracteurs aux États-Unis, 1 264 000 en France, 926 031 en Chine et 1 525 000 en Inde. Des pays émergents, en l'occurrence l'Inde, produisent des tracteurs sous licence, utilisés par les Occidentaux dans les années 1970. Ph. Lamour [1903-1992] précisait en 1968, au sujet de l'importance des tracteurs, que les machines agricoles constituent les armes de l'agriculture dans la lutte économique entre nations, et que les vainqueurs seront ceux qui possèderont le plus grand nombre de machines, et les plus modernes[39].
De 1960 à 2012, le nombre d'agriculteurs en France est passé de 3 millions à 600 000, sans baisse de production et de rendements agricoles, parce que le modèle agricole dominant (industriel ou conventionnel) est politiquement et économiquement soutenu aux niveaux national et communautaire.
D'après la FAO, seulement 3,8 % des terres d'Afrique subsaharienne sont irriguées contre 37 % en Asie. 90 % des agriculteurs en Afrique subsaharienne disposent de la houe, la machette et la faux comme seuls outils de travail. La majorité de ces agriculteurs[40] n'ont accès ni aux semences sélectionnées ni aux engrais chimiques ou organiques.

[39] Philippe Lamour (1968), P.118.
[40] La FAO estime le nombre de ces agriculteurs à 500 millions dans les pays du Sud.

L'Afrique subsaharienne ne dispose quasiment pas de silos ; 25 % des récoltes, selon la FAO, sont détruites tous les ans par les animaux, les insectes ravageurs et les conditions climatiques. Globalement, les pertes de récoltes agricoles en Afrique, dues à de mauvaises conditions de récolte, de stockage, de transport et à un manque de formation sur les méthodes de conservation des aliments, sont estimées entre 10 % et 60 %[41]. Près de 60 % des pays africains (soit 37 sur 54 pays) sont agricoles. En 2011, la population rurale, qui vit essentiellement des activités agricoles, représentait 64 % de la population totale ; les terres agricoles représentaient 44,7 % du territoire en 2009. La part de l'agriculture dans le produit intérieur brut (PIB) va de 14 % pour le Tchad à 52 % pour la Sierra Leone en 2009 (Sénégal 18 %, Togo 43 % en 2011 ; Soudan 30 %, Éthiopie 51 %, Ghana 30 %, RDC 43 %, Cameroun 19 %, Burundi 35 %, Comores 46 %, Côte d'Ivoire 24 % en 2009). La part élevée de l'agriculture des pays africains dans leur PIB indique bien le faible niveau d'industrialisation des produits agricoles et même de l'économie nationale, contrairement à ce qu'on observe dans les pays riches.

Les 12 principaux pays utilisateurs de tracteurs dans le monde

Pays	**Nombre de tracteurs utilisés**
États-Unis	4 800 000
Japon	2 028 000
Russie	1 749 560
Italie	1 660 000
Inde	1 525 000
Pologne	1 364 579

---

[41] FAO, 2011.

France	1 264 000
Turquie	970 083
Espagne	946 053
Allemagne	944 000
Chine	926 031
Brésil	806 000

Source : FAO 2002

Part de l'agriculture dans le PIB des pays développés et émergents de 1975 à 2013

Années Pays	1975	1980	1990	2000	2005	2010	2013
France	5,938	4,7542	3,7877	2,8364	2,1965	1,800	1,4
É.-U.	4,0718	2,8964	2,0613	1,2318	----------	1,500	1,7
Chine	32,399	30,09	27,049	14,832	12,601	10,0	
Afrique du Sud	7,6617	6,1963	4,6301	3,2749	2,5456	2,400	3
Brésil	12,1	11,0	8,1	5,6	5,7	5,3	5,7

Source : FAO 2012 et Les Echos 2014

2.2.4. La dépendance vis-à-vis des denrées importées

L'Afrique subsaharienne importe près de la moitié de son alimentation de base (riz, blé, maïs, poisson, viande, etc.). Elle importe, aujourd'hui, environ 40 % de sa consommation de riz et le Sénégal, par exemple, importe presque l'intégralité de sa consommation annuelle, soit près de 1 million de tonnes. De nombreux gouvernements africains, soutenus par des institutions internationales (Banque mondiale, FMI) ont fait le choix, depuis les années 1970, de bâtir leur politique agricole, principalement sur l'importation. Rien que pour sa survie, l'Afrique aurait besoin de 60 milliards de dollars d'importations incompressibles chaque année.

L'importation des denrées alimentaires place les pays africains dans une situation de dépendance et d'insécurité insoutenable. Le Gabon dépense chaque année environ 300 milliards de francs CFA pour l'importation des denrées alimentaires alors que son budget agricole ne dépasse pas 15 milliards de francs CFA[42].

En 2008, la flambée des prix du riz a entraîné sa rareté dans de nombreux pays du monde et la difficulté des populations africaines, en milieu urbain, à accéder à cette denrée, a ainsi provoqué de nombreuses émeutes meurtrières que l'on appela : les « *émeutes de la faim* ».

Le faible niveau des productions agricoles dues à un sous-équipement des agriculteurs et la forte croissance démographique en milieu urbain contraignent les gouvernements africains à importer une grande partie de leurs denrées alimentaires, privant ainsi l'agriculture et les infrastructures annexes d'importants moyens de financement qui devraient leur être alloués.

Lorsque des interdictions d'importer des denrées alimentaires (poulets congelés, en l'occurrence) sont érigées ou lorsque les autorisations d'importation sont suspendues par les pouvoirs publics afin de protéger les productions locales, des commerçants véreux (importateurs privés) parviennent à les contourner et à faire entrer sur le territoire ces denrées, qui sont généralement plus compétitives. Ces commerçants, motivés par l'appât du gain, ne se soucient pas des dégâts qu'engendrent leurs actions, à savoir la destruction du tissu productif local et surtout de la production du chômage et de la misère. Une nouvelle flambée des prix des denrées alimentaires de base en 2015 suffirait à plonger des centaines d'Africains dans la pauvreté et la misère.

---

[42] Source : Ministère des Finances de la République du Gabon.

3. La « secondarisation » en question

Manger tous les jours et suffisamment est une préoccupation majeure pour des millions de personnes en Afrique subsaharienne. Sur ce continent, la majorité des ménages consacrent près de 75 % de leur revenu à l'alimentation. L'accroissement exponentiel du nombre de bouches à nourrir d'ici 2030 est un motif légitime de « secondariser » ou d'industrialiser la production agricole. Cette démarche, qui a permis à l'Occident et aux pays émergents d'acquérir l'autosuffisance alimentaire, s'impose aujourd'hui en Afrique subsaharienne.

L'Afrique doit accroître sa production agricole, voire la tripler pour acquérir sa souveraineté alimentaire, accroître sa population pour impulser cette production et son développement économique. Elle doit intensifier ses cultures vivrières, utiliser des engrais chimiques et des semences améliorées sur ses terres arables afin d'impulser l'accroissement des rendements.

D'ici 2050, la planète comptera 9,6 milliards de personnes, dont près de 2 milliards en Afrique. La population citadine de ce continent atteindra 1,2 milliard d'habitants en 2050[43] contre 290 millions aujourd'hui. Pour les organisations internationales (FAO, Banque mondiale, etc.) et les dirigeants du G20, il faudrait augmenter de 70 % le niveau de production agricole dans le monde en utilisant les moyens industriels. En Afrique, il faut favoriser l'accès aux ressources (terre et eau) des paysans et la diversification de l'agriculture (agriculture familiale, agro-industrie, agroécologie) afin d'accroître des rendements et ainsi pallier des situations de crise.

Pour nourrir une population en croissance continue (plus d'un milliard d'habitants aujourd'hui et près de 2 milliards

[43] Source : OCDE, cité par Boillot et Dembinski (2013).

en 2050), lutter contre la faim invisible et la pauvreté qui règnent sur une grande partie du continent, acquérir son indépendance et sa sécurité alimentaires, l'Afrique au sud du Sahara doit « secondariser » son agriculture. Cette « secondarisation » lui permettra : d'employer massivement une force de travail, nombreuse, jeune, disponible et moins coûteuse ; de générer plus de richesses en transformant une grande partie des récoltes; d'exploiter à des fins agricoles d'immenses espaces inoccupés qui sont l'objet des convoitises des pays riches et émergents ainsi que des firmes multinationales (qui sont les ennemis des droits à l'alimentation, selon J. Ziegler, 2011).

Secondariser, c'est glisser du primaire au secondaire ; c'est moderniser c'est-à-dire professionnaliser, former, formaliser, équiper, intégrer dans l'économie moderne.
Secondariser l'agriculture vivrière consiste à l'extraire du système primitif pour l'intégrer (ou l'atteler) dans le secteur secondaire (mécanisation à outrance, spécialisation et sédentarisation des activités agricoles, industrialisation ou transformation des produits localement et exportation). C'est également l'ôter de l'enveloppe traditionnelle dans laquelle elle se trouve pour la loger dans une structure d'ordre économique. C'est aussi créer une coopération étroite avec l'industrie qui lui fournit les tracteurs et autres équipements agricoles ainsi que les produits fertilisants et antiparasitaires.
La « secondarisation », dans notre perspective, correspond à ce que Marcel Mazoyer (1982) appelle « la révolution agricole secondaire », c'est-à-dire « un *mouvement d'incorporation massive de travail cristallisé provenant des secteurs industriels de recherche et de formation et par une réduction concomitante du travail vivant dans l'agriculture dont le surplus sera absorbé par les autres secteurs.* »

Elle donne lieu à la création des exploitations agricoles industrielles, c'est-à-dire des entreprises différentes de la famille de l'exploitant. Elle entraîne une augmentation de la part des produits agricoles commercialisés, une augmentation de la part des achats des consommations intermédiaires aux entreprises industrielles en amont, une spécialisation généralisée des exploitations, une mobilisation d'importants moyens financiers, un accroissement de l'endettement des paysans, une diminution de la population active agricole et une sédentarisation des élevages.
Elle est à l'origine de la spécialisation de l'agriculture, de la monoproduction ou monoculture, de l'installation des usines en campagne, de l'intégration de l'agriculture dans l'économie moderne, de son glissement vers l'agriculture industrielle et de la « chimisation » intensive des productions agricoles.
La « secondarisation » de l'agriculture commence en France en 1945 avec l'introduction progressive de la motorisation : 56 000 tracteurs en 1946, 305 000 en 1955, 680 000 en 1960 et 1 264 000 tracteurs aujourd'hui. Elle se poursuit encore aujourd'hui avec une robotisation et une automatisation généralisées des tâches, particulièrement en productions animales. Sur le terrain agricole, on observe, aujourd'hui, une forte utilisation des distributeurs automatiques d'aliments concentrés (DAC), de robots de traite des vaches laitières, de robots de lavage des bâtiments d'élevage, de peseurs automatiques, des racleurs automatiques de bouses de vaches, des calibreurs automatiques des œufs, des machines à ramasser la volaille, de robots de désherbage, de robots-chariots, etc.

PARTIE 2

Pourquoi l'Afrique noire doit-elle « secondariser » son agriculture ?

La souveraineté alimentaire est l'un des piliers de base du triangle souverainiste d'un pays, constitué également de la souveraineté monétaire et militaire. L'Afrique doit, dans sa perspective de développement économique, prioritairement asseoir son indépendance et sa souveraineté alimentaires, indispensables pour sa sécurité. Elle a des atouts naturels tels que l'eau, le soleil, la terre, les ressources minières et humaines, nécessaires pour industrialiser son agriculture et produire tout ce dont elle a besoin. Elle a une superficie de 30 000 km² (le plus vaste continent du monde).
Pour réduire le flux des échanges inégaux sur les marchés mondiaux de matières premières, l'Afrique subsaharienne doit produire des denrées alimentaires qu'elle consomme et consommer des biens qu'elle produit. Elle représente un marché de plus d'un milliard de consommateurs et devrait, par ailleurs, développer la vente de ses produits sur le marché des pays émergents.

Aujourd'hui, les exigences sociales et sociétales en Afrique subsaharienne portent sur la lutte contre la faim, le chômage, la pauvreté et les pandémies.
Afin de faire reculer la pauvreté grandissante, de vaincre la faim, de réduire sa dépendance vis-à-vis des denrées alimentaires importées, l'Afrique subsaharienne doit « secondariser » son agriculture et son élevage.
À des fins de sécurité alimentaire et de transition énergétique, c'est-à-dire d'accroissement de la consommation des énergies vertes, tout en réduisant celle des énergies fossiles, des pays industrialisés achètent ou louent des millions d'hectares de terres en Afrique pour la culture des biens agricoles majoritairement non alimentaires. Des pays émergents et ceux du Moyen-Orient s'intéressent, aussi, aux terres africaines pour une

agriculture « Off-shore », destinée à assurer stratégiquement leur sécurité alimentaire.
Si l'Afrique subsaharienne ne met pas en œuvre, rapidement un programme d'industrialisation de son agriculture, il n'est pas exclu que des millions d'Africains basculent dans la pauvreté, que le phénomène de Landgrabbing[44] s'amplifie, que les troubles sociaux, provoqués par une population nombreuse et affamée, éclatent à nouveau suite aux crises alimentaires, qu'on assiste à des manœuvres de déstabilisation politique et à la disparition des producteurs locaux du fait de l'accroissement des importations des denrées alimentaires.
Cette deuxième partie de l'ouvrage vise à examiner les problématiques de la faim, de la pression démographique, de la productivité agricole et à mettre en évidence les raisons pour lesquelles l'Afrique subsaharienne doit secondariser son agriculture.

1. Créer des emplois

L'agriculture est un gisement d'emplois encore inexploité en Afrique. Elle est la seule activité économique capable d'absorber toute la main-d'œuvre locale disponible en peu de temps.
En France, un agriculteur crée environ 7 emplois directs et des dizaines d'emplois indirects.
Le niveau de chômage des jeunes dans la plupart des pays africains, en voie de développement, reste très élevé comparativement à celui des pays émergents ou riches. Le taux de chômage est souvent proche de 40 %, voire 70 % pour des jeunes issus des formations universitaires. Ce chômage massif amène des jeunes ruraux à émigrer vers

[44] Phénomène d'accaparement de terres sans contrepartie.

les villes pour y trouver du travail. L'étroitesse du marché de l'emploi en milieu urbain les contraint à s'entasser dans des centres-villes, à se lancer dans des activités clandestines du secteur informel ou à l'oisiveté des urbains. La situation de sous-emploi et de chômage de masse en Afrique subsaharienne est, en grande partie, à la base des tentatives d'immigration clandestine des jeunes Africains.

Or, la « secondarisation » de l'agriculture génèrerait des millions d'emplois permettant de les retenir sur le continent. Plus la production sera importante, plus les emplois seront élevés.

Une exploitation agricole de type industriel, produisant des porcs, entraîne la création des emplois directs et indirects autant sur l'exploitation que dans des entreprises se situant en amont ou en aval. Autour du producteur de porc, s'activeront les salariés des entreprises diverses telles, les entreprises de génétique, de semences, de matériels agricoles, de bâtiments d'élevage, de fabrication d'aliments, de fabrication des médicaments vétérinaires, de fabrication des compléments alimentaires, de transport d'animaux, d'abattage d'animaux, de transformation de la viande, des entreprises d'équarrissage, des coopératives d'achat et de ventes des produits agricoles et para-agricoles, des compagnies d'assurances des biens immeubles, des administrations publiques, des centres de gestion comptable, des entreprises de fourniture d'eau, d'électricité ou de gaz, etc.

Que ce soit en productions animales ou végétales, la structuration des filières sera identique partout lorsqu'une politique de « secondarisation » des activités agricoles sera activée. Des milliers d'emplois, découlant des acteurs économiques en amont et aval des exploitations agricoles, permettront de réduire la pauvreté et de lutter contre la faim.

2. Faire reculer la pauvreté

La pauvreté est une notion relative. On peut distinguer la pauvreté matérielle (biens matériels...) de la pauvreté non matérielle (intellectuelle). La pauvreté n'est pas un fléau spécifique aux pays en développement. Dans des pays développés[45], on observe depuis une décennie une montée inquiétante de la pauvreté (près de 9 millions de personnes en France, selon l'observatoire des inégalités, des millions de pauvres ou travailleurs pauvres « working poors » aux É.-U.[46]). Il n'y a pas de corrélation entre la croissance démographique et la montée ou la persistance de la pauvreté. Muhammad Yunus (prix Nobel de la paix en 2006) le soulignait en s'appuyant sur l'exemple du Bangladesh qui, pour lui, est un pays intéressant pour tous ceux qui étudient les problèmes liés à la démographie.
« *Depuis l'indépendance du Bangladesh, il y a 26 ans, notre population a presque doublé (passant de 60 à 120 millions d'habitants), et nous ne sommes pas deux fois plus pauvres pour autant. Au contraire, notre situation est bien meilleure qu'elle ne l'était alors. Nous connaissions beaucoup plus de pénuries alimentaires qu'aujourd'hui, où nous atteignons l'autosuffisance tout en nourrissant deux fois plus d'individus* »[47], écrit-il.
La pauvreté a-t-elle suivi la croissance de la population en Chine, en Inde, au Nigéria, pour ne citer que ces pays ?

---

[45] Selon le Rapport parlementaire du 8 décembre 2014, la Grande-Bretagne est hantée par la faim, causée par les bas salaires, les inégalités et la désintégration du tissu social. Entre 2013 et 2014, environ 1 million de personnes ont eu recours à une banque alimentaire pendant au moins 3 jours contre 346 000 entre 2011 et 2012 (Courrier International n° 1258 du 11 au 17/12/2014).
[46] Un Américain sur sept vit sous le seuil de pauvreté (USDA, 2010).
[47] Muhammad Yunus (2007), *Vers un monde sans pauvreté*, Jean-Claude Lattès, Paris.

La réponse est évidemment non. Nous dirons plutôt que la croissance démographique de ces pays a considérablement contribué à leur croissance économique. La Chine a eu besoin de sa main-d'œuvre nombreuse et jeune pour développer son économie. Elle est classée deuxième puissance économique du monde derrière les É.-U.. Son taux de croissance stagne aujourd'hui à 7 %, après une longue période de croissance à deux chiffres (contre moins de 1 % dans l'UE).

On n'a jamais aussi bien mangé dans une Chine à 1,3 milliard d'habitants aujourd'hui que dans une Chine à 300 millions d'habitants hier. La Chine n'a jamais compté autant de milliardaires aujourd'hui avec une forte démographie qu'hier avec une démographie plus basse. Le niveau de vie des Chinois ne cesse de s'élever au fur et à mesure que la croissance économique augmente, sans baisse démographique.
Cette analyse est valable, autant pour l'Inde dont la démographie (1,2 milliard d'habitants) dépassera celle de la Chine bientôt que pour le Nigéria, pays le plus peuplé d'Afrique avec près de 170 millions d'habitants.
Malgré sa démographie galopante, le Nigéria est devenu la première économie africaine (avec un PIB de 510 milliards de dollars devant l'Afrique du Sud qui enregistre 353 milliards de dollars en 2013) et la 24e économie mondiale devant la Belgique[48].
Que ce soit dans les pays riches ou dans les pays pauvres, on observe que la lutte contre la pauvreté est renvoyée en fin de liste des priorités gouvernementales. La sécurité territoriale a pris le pas sur ce fléau qui croît aussi bien dans le Nord que dans le Sud de la planète. Les dépenses militaires sont là pour démontrer l'importance accordée à la sécurité territoriale aujourd'hui (voir annexes).

---

[48] Courrier International n° 1249 du 09 au 15 octobre 2014.

À maintes reprises, les pays du G-20 ont promis de décaisser des fonds pour aider les pays du Sud à juguler la faim et la pauvreté, mais n'ont jamais eu la volonté politique de le concrétiser. Ces pays débloquent rapidement d'importants fonds pour faire des guerres (en l'occurrence en Libye, Côte d'Ivoire, Mali, Irak, Afghanistan et récemment, en RCA, Syrie, etc.),[49] sans doute plus « juteuses » que l'aide au développement de l'agriculture des pays africains. Ces guerres sont à l'origine des situations de faim et de pauvreté dans le monde. Les cas de la RDC (depuis 1996) avec plus de 5 millions de morts, principalement de faim ; de la Somalie, de l'Irak, de la Palestine ou de la RCA sont des preuves incontestables. M. Yunus (1997) pense que les gouvernements et les organismes internationaux impliqués dans les problèmes démographiques font, beaucoup moins d'efforts pour améliorer la qualité de la vie que pour terrifier les pauvres et les illettrés et faire pression sur eux afin qu'ils procréent moins. La lutte contre la pauvreté n'est pas uniquement une question de moyens financiers, mais aussi une affaire de volonté politique.

Des pays pauvres d'Afrique comme le Rwanda, l'Ouganda, la Namibie et le Nigéria figurent parmi ceux qui ont atteint les OMD en 2014.

L'état de pauvreté des pays en guerre ne peut être un frein au financement, par eux-mêmes, de leur agriculture. Ils ont des ressources minières et du sous-sol dont l'exploitation leur rapporte d'énormes devises.

Considéré par le FMI comme une stratégie pour faire reculer la pauvreté, le PAS a aggravé la pauvreté dans de nombreux pays qui l'ont adopté en Afrique et en Amérique latine. Ce qui fait dire à Joseph Stiglitz (prix Nobel d'économie en 2001) que lorsqu'un médecin

[49] La France a déboursé en 2014 près de 1 milliard d'euros pour les guerres en RCA, en Irak et au Mali.

administre le même médicament à ses patients et que 9 sur 10 décèdent, on peut dire que ce médecin ne sait pas ce qu'il fait.
Depuis les années 1990, marquées par l'application du PAS et de la dévaluation du franc CFA en Afrique subsaharienne, les revenus des paysans ainsi que des productions vivrières ont chuté dans presque tous les pays. Les cultures coloniales ont été abandonnées par les petits agriculteurs qui n'avaient plus de moyens financiers pour acheter des engrais chimiques (autrefois subventionnés).
La fiscalité explicite, basée sur la taxation à l'exportation et la taxation des intrants, et la fiscalité implicite, consistant en la surévaluation de taux de change, ont fragilisé les productions locales et appauvri les populations rurales.
Les accords de partenariats économiques (APE) ou accords de libre-échange, ne viendront-ils pas affaiblir, à nouveau, économiquement ces pays ?

Nombre de personnes vivant avec moins de 1 $ par jour (en millions)

	1990	2003	2015	2030
Asie de l'Est	472	213	57	4
Asie du Sud	462	472	273	159
Afrique subsaharienne	**227**	**320**	**345**	**337**
Autres	8	14	10	4
% population mondiale	28	20	12	8

Source : Banque mondiale, Global Economic Prospect (2007)

Population d'Afrique subsaharienne vivant avec 2 à 20 $ par jour et par personne en millions

Éléments	1980	1990	2000	2010
Personne vivant avec 2-4 $ par jour	49,3	70,8	101,6	190,6
Personne vivant avec 4-10 $ par jour	40,0	51,4	58,1	79,8
Personne vivant avec 10-20 $ par jour	22,0	29,3	36,6	42,9

Source : Alternatives économiques, Hors-série n° 9, octobre 2013

Taux de pauvreté par région, par jour en 2010

Régions	**% de population vivant avec moins de 1,25 $ par jour**	**% de la population vivant avec moins de 2 $ par jour**
Afrique subsaharienne	**48,5**	**70**
Amérique latine et caraïbe	5,5	10
Asie du Sud	31	67
Asie orientale et Pacifique	12,5	30
Moyen-Orient et Maghreb	2,4	12

Source : Alternatives Economiques, Hors-série n° 98

3. Vaincre la faim

De tout temps, l'homme a toujours eu peur de manquer de nourriture ou de mourir de faim (la faim fut l'obsession quotidienne des hommes au néolithique)[50]. D'ailleurs, ce fléau a été utilisé et l'est encore comme un instrument de punition, une arme d'anéantissement et de « destruction »

[50] Jean Ziegler, 1999.

de l'homme. C'est la faim qui amène le peuple français à se révolter en 1789 et c'est également la faim qui pousse les populations citadines riches des États-Unis à manifester violemment dans les rues en 1930 pour réclamer à manger. Suite à ces émeutes, le pays le plus libéral adoptera en 1933 des lois encadrant l'agriculture par le contrôle des marchés et incitant à la production. Il s'agira des lois de l'Agricultural Adjustment Act (AAA) qui n'est autre chose que l'instauration de l'interventionnisme public dans le secteur agricole américain.
La dernière grande famine qui frappa l'Europe de l'Ouest au milieu du XIXe siècle a contraint deux millions d'Irlandais à émigrer aux É.-U. et au Canada. C'est aussi la faim et la difficulté à accéder à la nourriture qui provoquèrent les « *émeutes de la faim* » en 2008 dans une trentaine de pays dans le monde.

La sous-alimentation, la malnutrition (silent hunger) [51]et la faim « *patente* » peuvent engendrer non seulement des pathologies lourdes chez des victimes, mais aussi des troubles sociaux graves dans un pays, voire même compromettre la paix sociale ou entraver « la construction d'une société pacifique ». C'est ce que souligne Jean Ziegler (2011) dans son ouvrage, ***Destruction massive***,[52] lorsqu'il décrit la situation de la faim au Brésil en 1946. Lorsque les affamés d'un pays ne dorment pas parce qu'ils ont faim, les nantis ne peuvent pas non plus dormir sereinement, parce qu'ils ont peur de ceux qui ont faim. Pour éviter ce scénario, des systèmes d'aides alimentaires ont été mis en place dans les pays riches et même dans des

[51] Silent hunger : faim silencieuse ou faim invisible, selon l'expression de Jean Ziegler.
[52] Jean Ziegler (2011), *Destruction massive. Géopolitique de la faim*, Seuil, Paris.

pays émergents comme l'Inde, le Brésil (mid-day-meals, faim zéro, bourse familiale).

3.1. La faim comme arme du pouvoir politique

Dans l'Antiquité, la destruction des récoltes par le feu ou des produits chimiques n'avait d'autre objectif que de provoquer des famines afin d'affaiblir et d'anéantir l'ennemi. En1936, cette politique de la terre brûlée, fut mise en œuvre par l'armée italienne qui pulvérisa des milliers de tonnes d'herbicides sur les récoltes en Éthiopie. Quelques années plus tard, pour vaincre les Japonais dans la guerre qui les opposait, les Américains vont pulvériser des herbicides sur les rizières afin d'affamer les Japonais. Cette stratégie sera renouvelée au Vietnam entre 1961 et 1971 où les Américains déverseront près de 90500 tonnes de défoliants et de bombes incendiaires sur les forêts (environ 15 % des forêts du Vietnam ont été pulvérisés au moins une fois). L'opération de l'armée américaine dénommée, « *Ranch Hand* », visait la destruction de 3 millions d'hectares de forêts, 104 909 hectares de mangroves et 202 000 hectares de cultures. Ces produits chimiques détruisirent non seulement les cultures, mais polluèrent l'environnement et portèrent, gravement, atteinte à la santé des Vietnamiens qui seront victimes de cancers, d'infertilité, des maladies de la peau, etc.
La faim a été, et est encore utilisée comme une arme d'extermination de l'humanité. Les politiques de destruction des récoltes et d'accaparement de terres par Hitler en 1945, les goulags de Kim II Sung (Corée du Nord), la « Diète noire » de Sékou Touré (Guinée), les goulags soviétiques et chinois (les laogaïs), la confiscation des récoltes par Staline, les blocus alimentaires d'Israël contre la Palestine (bande de Gaza) ou celui des É.-U.

contre Irak. Les puissants utilisent la nourriture comme une arme pour faire plier les dissidents, opposants ou rebelles à leur décision. Ils les privent de nourriture soit par un blocus, soit par un deal : travail contre nourriture ou pétrole contre nourriture.

La faim est utilisée comme une arme de subversion ou de soulèvement du peuple. L'embargo américain sur l'alimentation et les médicaments en Irak de 1991 à 2003, nommé opération « *pétrole contre nourriture* » (*Oil for food*),[53] a entraîné des milliers de morts d'enfants. Près de 600 000 enfants irakiens sont morts en 1998 de faim suite à l'embargo. En 2011, l'embargo de la France et de l'ONU sur les médicaments en Côte d'Ivoire, pour amener le président Laurent Gbagbo à respecter le résultat des urnes en cédant son poste à son adversaire (Alassane Ouattara) aux élections présidentielles de la même année, a provoqué des morts dont les statistiques n'ont fait l'objet d'aucune publication jusqu'ici.

La faim peut déstabiliser la paix sociale comme lors de la Révolution française de 1789, des émeutes de la faim de 2008.

3.2. La faim comme vecteur de troubles sociaux

En 2008, le renchérissement des prix des denrées alimentaires de base tels que le riz, le blé, le maïs, le sorgho, le millet, les produits laitiers, les huiles végétales

[53] Moins de 60 % des médicaments indispensables au traitement des cancers furent admis. Il fut interdit d'importer les appareils de dialyse pour soigner les maladies du rein, ainsi que des ampoules nécessaires à l'alimentation intraveineuse des nourrissons et enfants. Les crayons qui contiennent du graphite, un matériau susceptible d'être utilisé par les militaires, furent également interdits, paralysant ainsi le système scolaire.

devenus inaccessibles pour des populations pauvres a provoqué des manifestations sociales, appelées « *émeutes de la faim* » dans une trentaine de pays. De nombreuses personnes ont perdu la vie dans ces manifestations, principalement en Afrique où la productivité de l'agriculture est faible, les investissements insuffisants et la dépendance forte aux importations des céréales.

La faim engendre un coût économique et social. Selon le directeur général de la FAO, José Graziano da Silva (2013), « *les coûts économiques de la faim sont effarants. Ils peuvent s'élever à 5 % du revenu mondial par la perte de la productivité et les dépenses directes de santé* ». La faim engendre de nombreuses maladies et menace la paix sociale. Son éradication peut, en revanche, contribuer au développement économique et humain.
À l'échelle planétaire, les continents africain et asiatique occupent les deux premiers rangs des régions où l'on enregistre les plus forts taux de population souffrant de ces fléaux et de ses déclinaisons. Est-ce dû à leur démographie (plus de 1 milliard pour l'un et plus de 4 milliards pour l'autre) ?

La faim peut entraver le développement humain et économique d'un pays. Elle peut surtout compromettre la paix sociale. « *Si une partie du peuple (pauvre) n'arrive pas à dormir parce qu'elle a faim, une autre partie (riche) n'arrive pas aussi à dormir sereinement parce qu'elle a peur de ceux qui ont faim* », écrit Jean Ziegler (2011).
37 000 personnes sont détruites tous les jours par la faim et un enfant meurt de faim toutes les 5 secondes dans le monde (J. Ziegler).
Sur les 35 pays qui ont connu les « *émeutes de la faim* » en 2008 dans le monde, 21 étaient africains, 10 asiatiques, 3 latino-américains et 1 européen.

Pour Malthus et ses partisans, ces fléaux sont dus à la démographie galopante sur ces continents. Les famines qui y sévissent devraient exterminer un certain nombre de personnes afin de rétablir l'équilibre et surtout d'éviter la surpopulation.
Pascal Sevran [1945-2008], un ultra malthusien, animateur de télévision (TF1 et France2), parolier, chanteur et écrivain français déclarait dans une interview au quotidien ''Var-Matin'' que : « *La bite des Noirs est responsable de la famine en Afrique. [...] L'Afrique crève de tous les enfants qui y naissent sans que les parents aient les moyens de les nourrir* ». Ces déclarations étaient précédées par un roman, ***Le privilège des jonquilles***, (2005) dans lequel il écrit : « *Des enfants, on en ramasse à la pelle dans ce pays (Niger), est-ce un pays ou un cimetière ? [...] où le taux de fécondité des femmes est le plus élevé du monde, neuf enfants en moyenne par couple. Les coupables sont facilement identifiables, ils signent leurs crimes en copulant à tout va, la mort est au bout de leur bite, ils peuvent continuer parce que ça les amuse, personne n'osera leur reprocher cela, qui est aussi un crime contre l'humanité : faire des enfants, le seul crime impuni. On enverra même de l'argent pour qu'ils puissent continuer à répandre, à semer la mort* ». Il propose la castration ou la « stérilisation » de la moitié de la planète pour résoudre les problèmes de la surpopulation et de la misère en Afrique.

Pascal Sevran et la plupart des néo-malthusiens établissent ainsi une corrélation entre la croissance de la population et la montée de la pauvreté, voire de la misère. Or, Muhammad Yunus, prix Nobel de la paix 2006, évoque l'exemple de son pays, le Bangladesh, pour contredire cet argument. « *Le Bangladesh est un pays intéressant pour tous ceux qui étudient les problèmes liés à la*

démographie. Nous nous sommes toujours entendus dire que nous étions pauvres parce que notre population était trop nombreuse pour une superficie trop petite. Le Bangladesh est à peu près aussi grand que la Floride, avec une population de 120 millions d'habitants. Pour obtenir la densité du Bangladesh, il faut imaginer la moitié des Américains décidant de vivre en Floride. [...] Devons-nous nous inquiéter et interdire aux gens d'avoir des enfants ? Cette panique est essentiellement répandue par les pays occidentaux et les agences d'aide au développement, mais les pays du tiers-monde ont tendance à s'en faire l'écho. Nous en arriverions presque à croire qu'un doublement de la population entraînerait un doublement de la pauvreté », écrit-il en 2007.
Cette description de la situation du Bangladesh par Muhammad Yunus est similaire à celle du Cameroun, du Nigéria, du Ghana, de l'Éthiopie, de l'Ouganda et bien de nombreux pays en Afrique.

De 1900 à 2012, la population mondiale a été multipliée par 4,5 sans que la pauvreté ne suive la même tendance. On note, au contraire, un ralentissement de ce fléau dans des régions où la croissance a été et est plus forte : l'Afrique est passée de 99 millions à 1051 millions d'individus ; l'Asie est passée de 871 millions à 3900 millions d'habitants.
En 1969, plus de 878 millions de personnes (soit 26 % de la population mondiale) étaient sous-alimentées dans le monde. Ce chiffre a relativement reculé après plus de quatre décennies (en 2010, la FAO estimait le nombre de personnes sous-alimentées à près de 900 millions, soit environ 13 % de la population mondiale).
La production alimentaire et la consommation mondiales par habitant ont atteint des niveaux record et le niveau de vie moyen a connu une avancée sans précédent.

En 30 ans, le nombre de personnes vivant en Afrique subsaharienne avec 10 à 20 dollars par jour a été multiplié par 2. Tout de même pour les personnes vivant avec 4 à 10 dollars par jour. Par contre, le nombre de personnes vivant avec 2 à 4 dollars par jour a été multiplié par 4.
Enfin, pour lutter contre la pauvreté et la faim, il faut investir dans l'éducation, la santé et l'agriculture.

La faim comme arme de destruction massive

- En 1930, la famine d'Ukraine fit près de 6 millions de morts. L'armée rouge de Staline avait affamé les paysans ukrainiens qui s'opposaient au collectivisme en récupérant toutes les récoltes de blé et vidant leurs maisons de toutes les réserves de nourriture.
- En 1943, une famine, provoquée par la sécheresse, s'abat sur le Bangladesh (ou Bengale oriental à l'époque) tuant des millions d'individus dans l'indifférence totale de l'administration britannique.
- En 1945, Adolphe Hitler utilise la faim pour exterminer des millions de juifs, Tziganes, handicapés et homosexuels et aussi conquérir des territoires ou soumettre des peuples (France, Norvège, Hongrie...).
- En 1960, la politique agricole du président Mao Tsé Toung (Chine) dénommée du « Grand Bond en avant » devint contre-productive et provoqua la mort de 30 millions de personnes par la faim.
- En 1967, la famine, orchestrée par le gouvernement nigérian à travers la guerre et le blocus contre le peuple Ibo du Biafra, provoqua plus d'un million de morts dans le Biafra. Pour arrêter la volonté des Biafrais de créer un État indépendant du Biafra, le gouvernement nigérian empêcha la nourriture d'entrer dans le Biafra et déclencha une guerre qui s'acheva en 1970.
- Jusqu'en 1973, les Tutsi au pouvoir au Burundi ont affamé des milliers de paysans hutus.
- De 1975 à 1979, la famine décima près de 2 millions de personnes. Des intellectuels et tous les opposants à la nouvelle vision des Khmers rouges de construire une société éloignée des valeurs occidentales, étaient soumis aux travaux champêtres et privés de soins et de nourritures.

- Les goulags soviétiques et chinois (les laogaïs) ont tué des millions de personnes.
- En Corée du Nord, les opposants au régime de Kim II et leur famille sont enfermés dans les goulags où ils meurent de faim.
- Le président guinéen, Sékou Touré, appliquait à ses opposants une mesure répressive appelée « Diète noire », qui consistait à enfermer, dans des cubes de bétons sans fenêtres, et affamer des prisonniers politiques. Ces derniers succombaient de la faim et de la soif.
- Depuis 1983, le gouvernement soudanais utilise la famine contre les populations du Sud qui s'opposent à l'instauration de la « charia » (loi islamique) sur tout le territoire. L'armée prive ainsi le sud du pays, déjà soumis à la guerre, de l'assistance extérieure et de toute aide alimentaire qui pourrit dans les villes.
- En Birmanie, la famine est aussi utilisée pour exterminer les Rohyngas, musulmans qui vivent à l'ouest du pays (dans l'État de Rakhine).
- En Afghanistan, les talibans utilisent l'arme de la faim pour éliminer les Pachtounes.
- Les Hutus affamèrent les Tutsis au Rwanda dans les années 1990.
- En RDC, RCA, Somalie, Libéria, des milliers de personnes meurent de faim et de maladie en fuyant la guerre.

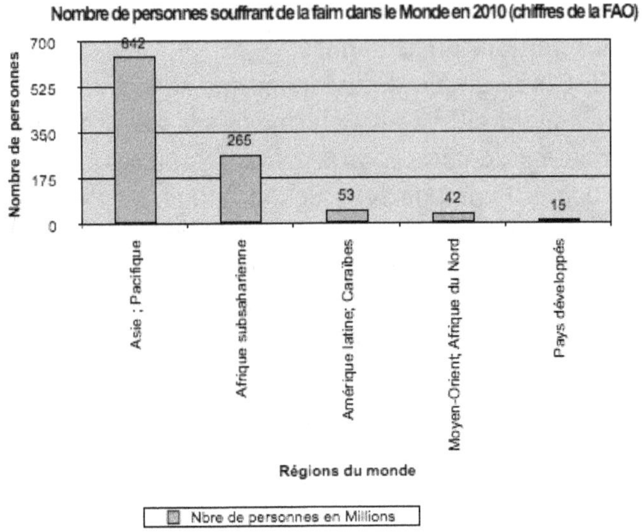

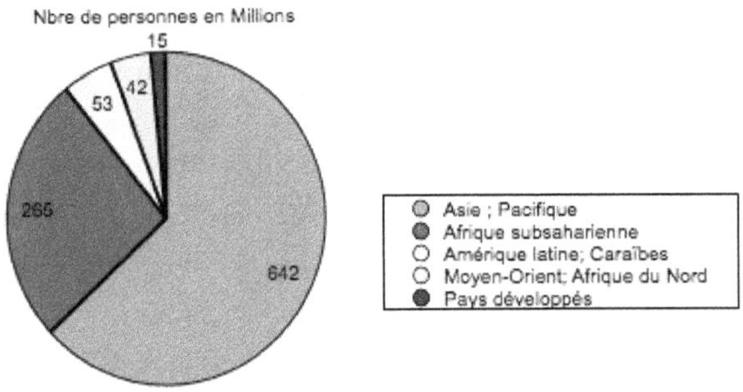

Figure 1 : Nombre de personnes souffrant de la faim dans le monde (chiffres FAO 2010)

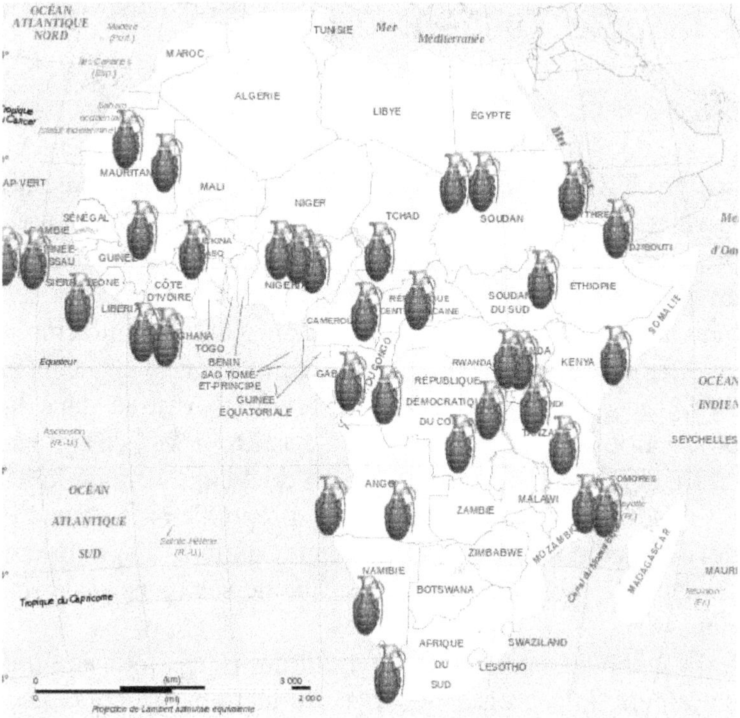

Figure 2 : Zones de guerres et de déficits alimentaires en Afrique subsaharienne de 1960 à 2014

4. Impulser l'industrialisation

Globalement, les pays africains au sud du Sahara sont encore sous-industrialisés. Ils dépendent encore hautement des produits bruts. Or, c'est l'industrialisation qui crée de la valeur ajoutée. Ils se contentent de fournir des matières premières à bon prix aux pays riches qui les transforment en produits manufacturés et les revendent cher sur les marchés africains et mondiaux. Les produits manufacturés en Afrique subsaharienne ne représentent que 12 % contre 30 % en Asie du Sud-est. La part de l'Afrique dans la production industrielle mondiale est de 1,1 % ; ce qui est très insuffisant pour favoriser son décollage économique. Si l'industrie occupe une place prépondérante dans le développement économique d'une nation, l'agriculture demeure la première phase créatrice de ses biens et de ses richesses.

La « secondarisation » de l'agriculture et de l'élevage qui entraînera un accroissement des productions agricoles sera un atout indispensable à l'industrialisation en Afrique. Des usines de transformation de matières premières extraites doivent être construites dans des bassins de production pour stimuler la production et mieux la valoriser. Exemple : des usines de fabrication de rhum ou de raffinage de jus de canne doivent être construites dans des zones de productions de cannes à sucre, des usines de filature, de tissage et d'huilerie de coton dans des zones de production de coton, des usines de fabrication d'amidon dans des zones de production de manioc et de maïs, des usines de fabrication de chocolat dans des zones de production de cacao, des usines de fabrication de confitures, de vinaigres ou de jus de fruits dans des régions de production de fruits, des usines de fabrication d'aliments pour bétail, des abattoirs modernes et des

industries de transformation de viandes dans des bassins d'élevages, etc.
Le rôle que jouent les usines dans le développement industriel est indispensable. René Dumont estimait que, « *sans usines, il n'y a pas de « décollage » possible de l'économie, pas d'accroissement rapide de la productivité de travail, pas de fourniture massive de moyens modernes de production à l'agriculture* ».
Avec la mondialisation, l'industrialisation en Afrique subsaharienne a plus de chance de réussir aujourd'hui que dans les années 1970, où les marchés étaient étroits.
Pour décoller, l'industrie a besoin non seulement des équipements technologiques modernes et d'une production accrue de matières premières, mais également d'une main-d'œuvre nombreuse et bon marché. Le développement de l'agriculture se traduit, à terme, par un glissement de la population agricole active vers les industries où les salaires sont le plus souvent meilleurs.

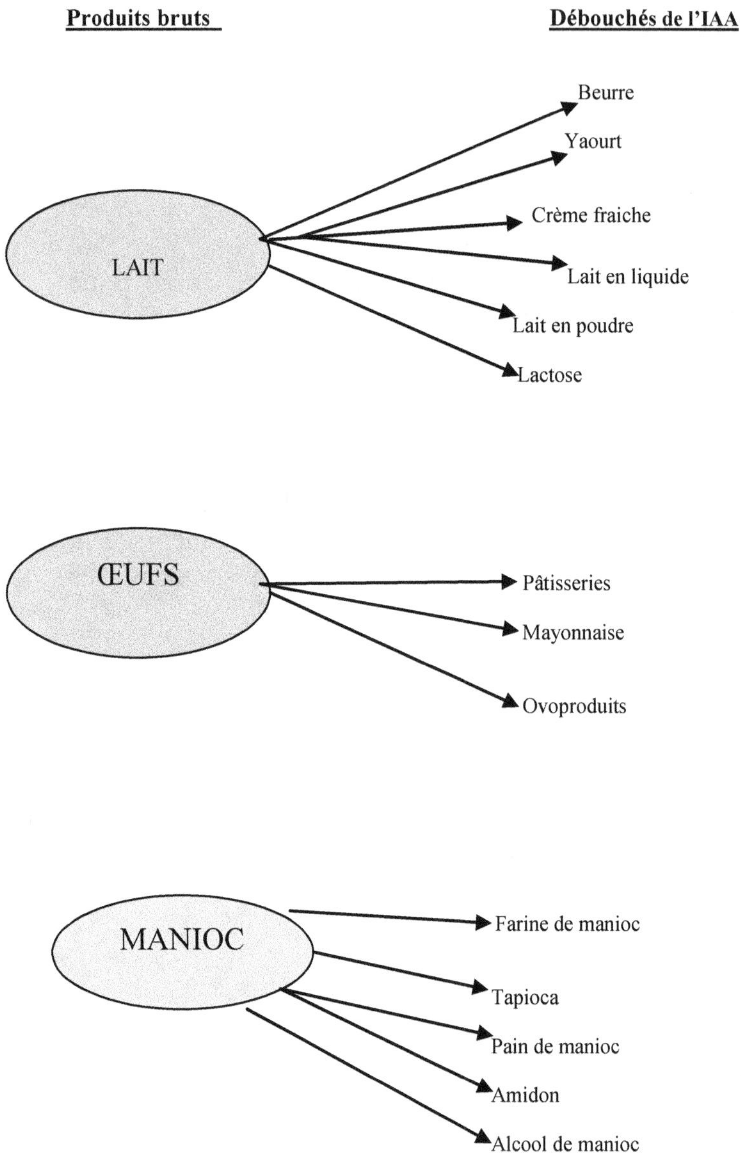

Figure 3 : Débouchés industriels des différents produits agricoles

5. Nourrir une population nombreuse

En près de 112 ans [1900-2012], la population mondiale a été multipliée par 4,5, passant de 871 à 3900 millions de personnes en Asie et de 99 à 1051 millions de personnes en Afrique : toutes les régions du monde ont vu leur population croître considérablement, mais avec une forte accélération en Asie et en Afrique. Les prévisions démographiques indiquent, par ailleurs, une croissance continue des populations de ces deux régions d'ici à 2050 (1 habitant de la planète sur 5 sera Africain). On assistera, d'ici 2030, à l'émergence de trois puissances démographiques : la Chine, l'Inde et l'Afrique (Chindiafrique). C'est également dans ces régions du monde que les populations souffrent le plus de malnutrition, de sous-alimentation, bref de faim latente. D'après la FAO, un habitant sur huit sur la planète ne mange pas à sa faim aujourd'hui (en Afrique, c'est un habitant sur cinq). Ce chiffre n'a pas trop varié depuis plusieurs décennies malgré les Objectifs du Millénaire pour le Développement (OMD).

De 1840 à 1930, la population mondiale était estimée à près de 2 milliards de personnes. En 40 ans [1930 – 1977], cette population est passée à près de 4 milliards d'habitants. Elle atteint 5 milliards en 1990 et 7 milliards en 2011. Selon les estimations de l'ONU, elle atteindra 9,6 milliards en 2050. Déjà en 2030, l'Afrique, l'Inde et la Chine (les trois grandes puissances démographiques de demain) devraient compter chacune près de 1,5 milliard d'habitants et peser plus d'un sixième de la population de la planète[54]. En 2030, 50 % de la population de la planète sera africaine, indienne ou chinoise. JAN Lundqvist,

[54] Boillot et Dembinski, 2013.

directeur du comité scientifique du Stockholm International Water Institute (SIWI), affirme que : « *Pour répondre au doublement de la demande alimentaire dans les décennies à venir, il faut augmenter la production* ».

Face à ces prévisions optimistes, la FAO, la Banque mondiale et les autres institutions internationales préconisent un accroissement de la production agricole mondiale. Bien que décriée en Occident, à cause de ses dérives écologique, sanitaire, économique et sociale, l'agriculture conventionnelle ou industrielle est la seule en mesure de multiplier infiniment ses rendements. La compatibilité de ce modèle avec la protection ou le respect de l'environnement conduit à un modèle alternatif, appelé agriculture durable. Ce dernier modèle, aujourd'hui préconisé par toutes les instances internationales, a plusieurs variantes : agriculture raisonnée, agriculture de précision, agriculture écologiquement intensive, etc.
Pour nourrir sa population quantitativement, qualitativement et à moindre coût tout en protégeant l'environnement, l'Afrique noire doit « secondariser » son agriculture, c'est-à-dire l'associer ou l'atteler au secteur secondaire. Cette « secondarisation » doit absolument s'inscrire dans le cadre du développement durable.

6. Réduire les importations alimentaires

Au lieu de développer l'agriculture locale (3 % du budget national, en 2012, au Cameroun), les pays africains importent[55] massivement des produits alimentaires pour nourrir leurs populations urbaines (en priorité). Ces denrées alimentaires, fortement subventionnées, défient

[55] Le Cameroun a dépensé 500 milliards de francs CFA en 2010 pour l'importation des denrées alimentaires.

toute concurrence sur les marchés africains, anéantissant ainsi les producteurs locaux. Ces derniers, en masse, abandonnent les campagnes pour se réfugier en ville.
L'Union européenne (UE) consacre près de 40 % de son budget à son agriculture, bien que celle-ci soit hyperproductive et les É.-U. dépensent près de 100 milliards de dollars par an pour le soutien de leur agriculture. La Suisse, le Japon, la Corée du Sud, la Norvège et bien d'autres pays apportent des soutiens financiers à leur agriculture à plus de 40 %.
Les importations de riz, blés, maïs, poissons, laits, poulets congelés, en provenance de l'UE et des É.-U., à des prix défiant toute concurrence, déclassent les productions locales moins compétitives et provoquent la faillite des producteurs locaux qui abandonnent les campagnes et leurs terres pour rechercher une vie meilleure en ville.
Or, ces terres arables doivent être mises en cultures pour combler des déficits alimentaires, réduire les importations et surtout éviter leur accaparement par des puissances étrangères.

7. Juguler la disparition des terres agricoles

Aujourd'hui, on estime à plus de 11 milliards d'hectares la surface du sol de la planète. Seuls 1,6 milliard d'hectares de terres sont cultivés dans le monde (soit environ 20 % de terres arables). 0,5 % de ces terres arables disparaît tous les ans.
En Occident et dans des pays industrialisés, les terres agricoles disparaissent à une vitesse inquiétante, soit pour des raisons d'urbanisation (lotissements, logements sociaux), soit pour le développement des infrastructures de transport (aéroports, autoroutes et voies rapides).

La France perd 26 mètres carrés de terres agricoles par jour et l'on estime à près de 70 000 hectares les terres agricoles qui y disparaissent tous les ans. La perte de terres agricoles correspond à la disparition d'un département français tous les six mois.
Sur un capital de plus de 100 millions d'hectares de terres cultivables, la Chine en perd plus de 500 000 hectares chaque année. La perte annuelle des terres arables est estimée à près de 25 000 hectares en Égypte.
Ces disparitions de terres arables dans les pays riches ou industrialisés amènent ces derniers à rechercher de nouvelles terres cultivables. Considérée comme un vaste espace inoccupé et « vide », l'Afrique subsaharienne attise toutes les convoitises des pays riches et de leurs firmes multinationales. Ceux-ci accaparent, en achetant ou en louant, des millions d'hectares de terres pour produire non seulement des denrées agricoles alimentaires destinées à la préservation de la sécurité alimentaire de leurs populations, mais surtout des denrées agricoles non alimentaires destinées à assurer leur sécurité énergétique. L'Afrique subsaharienne représente plus des deux tiers des transactions foncières dans le monde. Près de 60 % de ces terres sont cultivées pour des agrocarburants et la production des lubrifiants (huile moteur pour avions et véhicules).

L'accaparement de terres agricoles touche aussi des pays de l'Europe de l'Est (Ukraine, Roumanie, en l'occurrence). L'exode rural et le vieillissement des populations rurales dans ces pays laissent des terres ou de grandes surfaces inexploitées.
Incapables de payer les taxes foncières et de cultiver leurs terres faute de moyens financier et technique, les petits paysans roumains n'ont d'autre choix que de vendre ou de louer leurs terres aux riches agriculteurs, investisseurs ou

spéculateurs de terres agricoles venus de l'Europe de l'Ouest. Pour l'économiste Marcel Mazoyer, « *une exploitation agricole compétitive nécessite d'importants moyens financiers pour acheter du matériel agricole…* »
Les surfaces agricoles disponibles étant rares et inabordables économiquement dans l'Union européenne, les Occidentaux regardent ainsi ailleurs et délocalisent leur modèle agricole « conventionnel ou industriel » vers des pays où des terres sont moins chères et fertiles. Ils vont acheter des terres que les locaux ou nationaux ne peuvent acquérir.

7.1. Landgrabbing et agriculture « off-shore »

Pendant de longues années, on a entendu des médias et de nombreux experts occidentaux (R. Dumont, Ph. Chalmin) dire et écrire que les terres africaines étaient pauvres, difficiles à cultiver parce qu'arides, voire infertiles. Or, ces mêmes terres sont depuis 2006 convoitées par des pays occidentaux et les pays émergents pour la culture des denrées alimentaires et non alimentaires de leurs populations. Pourquoi les terres autrefois qualifiées de pauvres et d'infertiles sont-elles activement sollicitées ? Était-ce une stratégie visant à décourager les Africains afin de leur fournir des biens alimentaires qu'ils pouvaient eux-mêmes produire ?
La hausse des prix des matières premières [2006-2008], renchérissant des produits alimentaires à la consommation, a provoqué des « *émeutes de la faim* » dans une trentaine de pays, principalement dans des pays en voie de développement. Ces évènements malheureux ont fait prendre conscience aux États que l'approvisionnement alimentaire ne pouvait pas être réglé par les seuls mécanismes du marché ; mais, qu'il s'agissait d'un

domaine à sécuriser, faute de quoi ils s'exposaient aux troubles sociaux et à l'instabilité politique.
Pour sécuriser leur approvisionnement en denrées alimentaires, des pays ne pouvant plus satisfaire les besoins alimentaires de leur population ou estimant qu'ils n'auront pas les moyens d'y répondre dans des années à venir à cause des options économiques et politiques, conduisant à la disparition et à la raréfaction des terres agricoles vont chercher à acheter ou à louer des terres agricoles cultivables, hors de leurs frontières.
Ce phénomène d'acquisition des terres agricoles à l'étranger diversement qualifié de « *razzia sur les terres* » ou « accaparement des terres » est connu sous le vocable anglais de « **Landgrabbing** ».
Si l'on exclut la période coloniale, on peut considérer que ce phénomène est relativement récent. Il s'est nettement accéléré depuis les « *émeutes de la faim* » en 2008, non seulement en Afrique subsaharienne, mais aussi dans les pays de l'Europe de l'Est (Roumanie en l'occurrence).
Alors qu'en Europe de l'Est, des terres sont achetées pour produire des denrées agricoles alimentaires (blé, maïs, orge, soja), en Afrique subsaharienne, les terres sont louées ou achetées pour produire des denrées agricoles non alimentaires (huile de palme et canne à sucre pour l'agrocarburant, les lubrifiants). Le coût de la location des terres arables est de 2 € par an et par hectare en Éthiopie contre 400 dollars par an et par hectare en Inde.
Au Brésil, la culture intensive de canne à sucre dans le programme Proalcool a engendré de la faim et la misère dans la région de Sao Paulo. Elle a été considérée comme la « malédiction du peuple ».

Transactions (achats, locations et dons) de terres entre janvier 2000 et juin 2010

Pays	**Superficie des terres (en milliers d'hectares)**
Angola	13
Bénin	236
Cameroun	6
Éthiopie	**2226**
Ghana	400
Kenya	317
Libéria	17
Madagascar	21,5
Malawi	196
Mali	180
Mozambique	**10876**
Niger	2,5
Nigéria	10
Sénégal	67
Somalie	21,5
Tanzanie	16
Zambie	46,5

Source : Alternatives Internationales Hors-Série n° 10, janvier 2012

7.2. La menace des agrocarburants

La non-soutenabilité du modèle de développement économique des pays riches et la dépendance de leurs industries aux ressources fossiles émettrices de polluants dangereux pour la santé publique ont amené ces pays à revoir leurs modes de consommation, de production et de vie. C'est ainsi qu'on voit émerger dans la majorité de ces pays une économie verte ou une économie « *décarbonée* » (sans ou avec peu de carbone). Les programmes de construction de véhicules moins polluants sont lancés ainsi que de production des agrocarburants destinés à ces véhicules (biodiesel, bioéthanol). Le programme des biocarburants aux É.-U. constitue une « cause nationale »

pour la sécurité du pays. En 2007, la production atteignait 18 milliards de litres[56] et le président Georges W. Bush prévoyait de multiplier par sept cette production sur dix ans (soient 126 milliards de litres jusqu'en 2017).
Les prévisions de production des Américains (136 milliards de litres en 2022) et des Européens sont inquiétantes pour l'Afrique. Plus de 100 milliards de litres de bioéthanol et de biodiesel ont été produits en 2011 et 100 millions d'hectares de cultures agricoles ont servi à leur production (J. Ziegler, 2011).
D'immenses espaces continuellement non occupés et non exploités par les Africains seront de plus en plus convoités par des firmes multinationales qui y cultiveront des denrées agricoles non alimentaires destinées aux marchés de leurs pays d'origine. Ces activités enrichiront les firmes multinationales des pays riches au détriment des populations locales qui seront progressivement expulsées de leurs terres, soumises aux conditions de travail moins orthodoxes et exposées aux produits phytosanitaires dangereux pour leur santé.

Pour ces firmes multinationales, l'agrocarburant serait le remède miracle contre le réchauffement climatique et ses conséquences sur la nature et les hommes. Aux É.-U., elles reçoivent des subventions à la production. Ainsi, en 2011, elles ont reçu près de 6 milliards de dollars d'aides publiques. Elles brûleront ainsi 38,3 % de la récolte nationale de maïs, contre 30,7 % en 2008. Et depuis cette période, le prix du maïs sur le marché mondial a augmenté de 48 %. La production mondiale du maïs, en 2009, est estimée à 700 millions de tonnes dont près de la moitié provient des É.-U.. Ceux-ci consacrent le tiers de leur maïs à la production de l'éthanol, bioéthanol et biodiesel.

---

[56] Jean Ziegler (2011), *Destruction massive. Géopolitique de la faim*. Seuil, Paris.

Ces pétroles « verts »[57] sont obtenus après transformations des produits alimentaires comme l'huile de palme[58], la canne à sucre, le maïs[59], le blé, le colza, etc. Les terres ainsi destinées aux cultures vivrières en Afrique sont utilisées pour la production du carburant propre pour les véhicules des pays riches ; ce qui sape les programmes de lutte contre la faim et renvoie au discours qui régnait en Bretagne dans les années 1960 à savoir : « *le cochon du riche mange le grain du pauvre* » lorsque le blé, le maïs et le soja furent substitués au manioc pour nourrir les porcs. En Afrique, on reprendrait cette formule en disant que « *le véhicule du riche absorbe l'huile du pauvre* », s'agissant de l'huile de palme qui est utilisée pour produire du carburant-lubrifiant.
Le pétrole est en grande partie importé aux É.-U.. Pour sortir de cette dépendance, le président B. Obama, avant lui le président G.W Bush, a institué le programme de production d'agrocarburant comme une cause de sécurité nationale.
Les agrocarburants vont accentuer la pauvreté et la faim en Afrique noire. Les paysans n'auront plus leurs terres pour cultiver des produits vivriers locaux. Ils deviendront

---

[57] **Le bioéthanol** est obtenu par transformation de végétaux contenant du saccharose (betterave, canne à sucre, etc.) ou de l'amidon (blé, maïs, etc.), dans le premier cas par fermentation du sucre extrait de la plante sucrière, dans le deuxième par hydrolyse enzymatique de l'amidon contenu dans les céréales.
Le biodiesel est obtenu à partir de l'huile végétale (palme) ou animale, transformée par un procédé chimique appelé transestérification et faisant réagir cette huile avec un alcool (méthanol ou éthanol).

[58] 1 hectare de palmiers produit 5000 litres d'agrodiesel (Jean Ziegler, 2011).

[59] Un enfant zambien, dont la nourriture de base, est le maïs, consomme **358 kg de maïs** par an, soit exactement la quantité qu'il faut pour fabriquer **50 litres de bioéthanol,** correspondant au plein du réservoir d'un véhicule de moyen gabarit.

des ouvriers agricoles corvéables et totalement dépendants des humeurs des patrons. Ils perdront leurs traditions culturales. Les agrocarburants constituent également une menace pour les eaux souterraines.
Alors que le tiers de la population mondiale n'a toujours pas accès à une eau saine et moins coûteuse, des milliers de litres d'eau sont utilisés pour produire une quantité insignifiante d'agrocarburant. Ainsi, pour avoir 1 litre de bioéthanol il faut 4000 litres d'eau.
Au lieu de faire baisser le dioxyde de carbone, les agrocarburants contribuent à leur augmentation dans l'atmosphère (Tribune de Genève, août 2011).
La production mondiale de l'agrocarburant porte des menaces sur les terres, l'alimentation, l'environnement et les peuples africains. Elle s'insurge contre le droit à l'alimentation.

7.3. Biocarburants : « le confort des uns contre la vie des autres »

Les agrocarburants entraînent une aggravation de la faim et une intensification de la pauvreté. Ils sont également à l'origine des problèmes sociaux dans des pays où les matières premières sont extraites. Ils obligent des pays à importer des denrées alimentaires qu'ils ne produisent plus pour manque de terres. Ce fut le cas au Brésil avec la canne à sucre.
« *Non seulement les agrocarburants dévorent, chaque année des centaines de millions de tonnes de maïs, de blés et d'autres aliments, non seulement leur production libère dans l'atmosphère des millions de tonnes de dioxyde de carbone, mais, en plus, ils provoquent des désastres sociaux dans les pays où les sociétés transcontinentales qui les fabriquent deviennent dominantes* ».

Les Américains brûlent le blé et le maïs alors que les Brésiliens brûlent la canne à sucre pour produire du biocarburant. Bien que consacrant très peu de surface à la production de l'agrocarburant, l'Europe brûle du colza, du blé, du seigle, de la betterave. En 2007, elle ne produit que 3 milliards de litres d'éthanol contre 22 milliards de litres pour le Brésil.
L'UE s'était initialement fixé un objectif de 10 % d'énergies renouvelables pour les transports à l'horizon 2020. Les biocarburants avaient été retenus comme solution et les investissements avaient été encouragés au sein de l'EEB[60] (European Biodiesel Board).
Mais face aux menaces environnementales et sociales grandissantes et surtout aux effets pervers de la filière « agrocarburant » sur l'agriculture en Europe et au niveau mondial — déforestation, disparition des cultures vivrières, hausse des prix des denrées alimentaires — l'UE a décidé, le 12 décembre 2013, de revoir à la baisse cet objectif en le divisant par deux, passant de 10 % à 5 %. La France s'oppose à ce nouveau taux de 5 % et opte pour le taux de 7 %, car elle estime que cette baisse pénaliserait les investissements déjà réalisés dans cette filière sur son territoire. Elle est favorable à une limitation à 7 % de la part maximale des biocarburants de première génération, pour les transports, produits à partir de céréales ou de diverses plantes sucrières (betteraves et canne à sucre) et oléagineuses et préparerait déjà les biocarburants de deuxième et troisième génération. Cette politique européenne se fait au détriment de la production alimentaire.

Aujourd'hui, on assiste à une extension de la malédiction de « l'or vert » (canne à sucre) aux pays asiatiques et africains à travers l'huile de palme. Que ce soit en Asie ou

[60] Organisation des producteurs européens de biogazole.

en Afrique subsaharienne, l'accaparement des terres ne se fait pas sans violence sur les populations locales. On peut citer l'exemple de l'Indonésie, de la Côte d'Ivoire avec la société singapourienne Olam et le Cameroun avec la Socapalm, voire même le cas de la Colombie.
De nombreuses ONG (Organisations non gouvernementales) s'élèvent pour dénoncer ce phénomène de « *Landgrabbing* » ou accaparement des terres en Afrique ; elles qualifient ces actions des pays développés et des entreprises étrangères d'actes de recolonisation. « *D'abord, ils ont pris les hommes, maintenant ils prennent nos terres... nous vivons la recolonisation de l'Afrique* », déclarait à cet égard Pizo Movedi, ambassadeur sud-africain des droits de l'homme.

Face aux défis alimentaires mondiaux (nourrir 9 milliards de personnes), il est « égoïste », voire « criminel », de consacrer autant de surfaces agricoles utiles à la production des denrées non alimentaires. Les plantations de palmiers à huile ou de canne à sucre (monoculture) vont non seulement appauvrir les terres et détruire les forêts, mais aussi affamer l'Afrique subsaharienne. Cette région du monde est la grande perdante dans ces transactions foncières, car la culture de palmiers à huile et de canne à sucre la prive d'immenses surfaces agricoles réservées aux cultures vivrières (maïs, tubercules, plantains, mils, sorgho, etc.) et à l'élevage. La baisse de l'offre des produits vivriers entraînera, évidemment, la hausse des prix de ces produits. Les populations pauvres et extrêmement vulnérables qui ne pourront plus acheter ces produits, faute de moyens financiers, souffriront de faim.

8. Sauvegarder sa souveraineté alimentaire

La souveraineté d'un pays ou d'un état repose sur trois piliers qui forment ainsi le triangle souverainiste. On a le pilier alimentaire, le pilier monétaire et le pilier militaire. Un pays est souverain lorsqu'il a la maîtrise de ces trois piliers.

Depuis les années 1960 (années des indépendances), de nombreux pays africains ont créé ou essayé de créer leur propre monnaie sans jamais parvenir à acquérir la souveraineté monétaire. La majorité de ces pays consacre de colossales sommes d'argent à l'achat d'armes de guerre et à la militarisation du pays sans jamais obtenir, ni la paix, ni la sécurité intérieure, ni la souveraineté militaire. On peut citer l'exemple de la Côte d'Ivoire, du Tchad, de la RCA, de la RDC, du Cameroun, du Nigéria, etc.

Si la souveraineté militaire et la souveraineté monétaire sont si difficiles à acquérir en Afrique, qu'en est-il de la souveraineté alimentaire ? Ce troisième pilier est très déterminant dans le développement économique d'un pays. D'après Edgard Pisani (2004), « *L'agriculture et la production alimentaire sont les bases sur lesquelles l'économie occidentale s'est développée. Elles sont les racines du développement global du Sud et de l'équilibre du monde* ».

Les pays aujourd'hui dits développés et des pays émergents s'appuient sur leur souveraineté alimentaire pour exhiber leur puissance dans le monde. Les Américains[61] et les Européens le font régulièrement, à travers les aides alimentaires et humanitaires, partout où surviennent des catastrophes naturelles, des conflits armés et où les populations locales en ont besoin. Le Général de

[61] Derrière le Pentagone se trouve le département américain à l'agriculture dans chaque négociation.

Gaulle le disait à juste titre : « *Un pays qui ne peut pas se nourrir lui-même n'est pas un grand pays*[62] ». Plus tard, le président américain G.W. Bush (2008) ira dans le même sens en déclarant que : « *Le pays qui a la sécurité alimentaire aura la sécurité* » ; autrement dit, le pays qui n'a pas de sécurité alimentaire est un pays en danger.

La souveraineté alimentaire des pays africains est ainsi menacée, non seulement par le sous-développement de son agriculture, l'insécurité alimentaire, l'aide alimentaire, mais également par l'incapacité des pouvoirs publics, les décisions des institutions internationales et les importations massives de denrées alimentaires.

Ne disposant ni d'une souveraineté monétaire ni d'une souveraineté militaire, la plupart des pays africains au sud du Sahara vont ainsi compromettre les chances d'acquérir leur souveraineté alimentaire en cédant ou en louant des terres agricoles aux pays riches. Selon Jean Ziegler (2011), 41 millions d'hectares de terres agricoles fertiles ont été accaparées en 2010 en Afrique par les multinationales (banques européennes, *hedge funds* américains, fonds d'États saoudiens, sud-coréens, singapouriens, chinois, etc.) sans contrepartie. Les produits récoltés sur ces terres sont essentiellement exportés en Occident et dans des pays émergents comme à l'époque coloniale.

Pour Jean Ziegler, il faut arrêter le dumping agricole qui tue les agriculteurs africains. Les subventions à l'exportation (ou restitutions à l'exportation)[63] de la PAC

---

[62] Pees Chrstian, 2007.

[63] La PAC (politique agricole commune) créée en 1962 reposait sur des mécanismes qui garantissaient une préférence communautaire et permettaient une présence sur les marchés tiers. Il s'agissait des prix d'intervention, des prix de seuil pour les importations, des prélèvements à l'importation et des prélèvements à l'exportation. Le système « prélèvements-restitutions » devait mettre en œuvre la préférence communautaire. Le prélèvement à l'importation (variable), relevant les prix des produits importés au niveau du prix

de l'UE et le Farm Bill[64] des É.-U. sont responsables de ce dumping.
Selon Jean-Jacques Rousseau [1712-1778], « *Entre le faible et le fort, c'est la liberté qui opprime et c'est la loi qui libère* ». La libéralisation totale du marché (le libre-échange) est synonyme d'oppression. La loi ou la norme est la principale garantie de justice sociale. Jean Ziegler (2009) suggère de fermer la Bourse des matières premières agricoles de Chicago qui œuvre en faveur des pays demandeurs de matières premières (la détérioration des termes de l'échange). Ces pays riches contraignent les pauvres à les alimenter à des conditions hautement avantageuses. D'après R. Dumont (1962), « *l'Angleterre, depuis près d'un siècle, et plus récemment l'Allemagne et même les É.-U., se nourrissent à très bon compte, à des prix alimentaires anormaux, appelés « mondiaux », résultant soit du dumping, soit de la « braderie » des excédents agricoles venus de partout* ».

9. Assurer sa sécurité alimentaire

La sécurité alimentaire est la possibilité, pour tout individu, à tout moment et en tout lieu, d'avoir accès à une nourriture saine, suffisante et acceptable culturellement.

---

communautaire, permet de protéger le marché communautaire. Les restitutions ou subventions à l'exportation, comblant la différence entre le prix communautaire de certains produits et les cours sur le marché mondial, permettent à l'UE de promouvoir ses exportations sur les marchés extérieurs au détriment des concurrents étrangers.

[64] Politique agricole américaine qui apporte un soutien financier à l'agriculture afin de conquérir de nouveaux marchés à l'export et surtout de la maintenir au premier rang des puissances agricoles mondiales.

En 1870, l'agriculteur français produisait 18 quintaux de blé avec un hectare et nourrissait 7 personnes. À partir de 1960, il produisait 40 quintaux de blé avec un hectare et nourrissait plus de 30 personnes. Aujourd'hui, il produit plus de 80 quintaux à l'hectare et nourrit près de 60 personnes. Alors qu'en Afrique subsaharienne, 1 agriculteur ne produit qu'entre 5 à 12 quintaux de blé à l'hectare et ne nourrit que 5 personnes. La différence tient au modèle agricole industriel mis en place dans l'hexagone et aux moyens technologiques, scientifiques, financiers qui l'accompagnent.
Six cent mille agriculteurs français nourrissent 65 millions d'habitants, alors que 5 millions d'agriculteurs camerounais ne parviennent pas à nourrir 20 millions d'habitants. L'industrialisation de l'agriculture française fait la différence. L'industrialisation de l'agriculture peut être considérée comme le médicament efficace utilisé par toutes les régions du monde pour acquérir l'indépendance alimentaire et surtout lutter contre la faim.
Si un médicament administré à 4 malades sur 5 donne des résultats satisfaisants, pourquoi ne pas l'appliquer au cinquième ? L'Afrique subsaharienne, qui est le cinquième patient, peut sans aucun doute et doit se soigner, obtenir l'autonomie, la sécurité et la souveraineté alimentaires par l'industrialisation de son agriculture.

9.1. Produire ce qu'on mange et manger ce qu'on produit

Combien de kilogrammes de chocolat mange annuellement un enfant camerounais ou ivoirien ? Combien de litres de café boit un Kenyan, un Camerounais ou un Ghanéen par an ? Si l'Africain consomme annuellement 100 grammes de chocolat, le

Suisse en consomme 12 kilogrammes. Pourtant, ces denrées, exclusivement destinées à l'exportation, sont produites de façon industrielle dans des pays africains au sud du Sahara. 80 % du cacao est produit en Afrique subsaharienne alors que 80 % du chocolat est fabriqué et consommé en Occident (Europe et Amérique du Nord) ; d'où une immense perte de valeur ajoutée en Afrique.

Par ailleurs, des céréales comme le riz, le blé, le maïs, qui constituent la base alimentaire des Africains sont massivement importées, car les productions locales sont extrêmement faibles.

Les politiques agricoles doivent mettre un accent particulier sur des produits vivriers et l'élevage qui sont générateurs d'importantes valeurs ajoutées. Des échanges commerciaux doivent être développés au sein du bloc africain au préalable, et par la suite dans l'ensemble des pays pauvres.

Pour une demande nationale de 50 millions de tonnes de manioc, le Cameroun ne produisait en 2012 que 19 millions de tonnes. Ce produit est consommé par 85 % de la population camerounaise et représente la deuxième source de revenus en milieu rural après les cultures coloniales (café, cacao). Le Nigéria, l'un des principaux producteurs mondiaux du manioc (50 millions de tonnes par an) tout comme le Brésil, le Ghana, la Thaïlande et la RDC, peut avoir des échanges intéressants, sur cette denrée, avec le Cameroun.

Pour manger, il faut produire soi-même ses denrées alimentaires ou avoir de l'argent pour les acheter. Or, pour produire sa propre nourriture, il faut non seulement avoir des terres disponibles, mais aussi des moyens financiers et techniques. L'Afrique subsaharienne doit s'inscrire totalement dans cette voie pour acquérir son autonomie et sa sécurité alimentaires. Des pays de l'Afrique centrale tels que le Gabon, la Guinée Équatoriale et même le

Congo utilisent les recettes provenant des ventes des ressources de leur sous-sol pour acheter des denrées alimentaires alors qu'ils disposent suffisamment de terres pour les produire. Ces pays africains, tout comme la Suisse et l'Angleterre en Europe, ont certes de l'argent pour se procurer de la nourriture hors de leur territoire, mais sont-ils en sécurité ?

9.2. L'Afrique noire peut-elle se nourrir elle-même ?

Pendant de nombreuses années, on a entendu des agriculteurs, agronomes, journalistes, politiques, scientifiques, en Occident, dire que l'Afrique noire ne pouvait se nourrir elle-même. Des experts tels que R. Dumont[65] et Ph. Chalmin ont affirmé que les sols désertiques de l'Afrique subsaharienne (soit 2/3), sa démographie galopante, ses conditions climatiques peu favorables et ses techniques agricoles archaïques, l'empêcheraient de produire suffisamment des denrées alimentaires pour se nourrir ; et par conséquent qu'elle était mal partie. L'afflux des investissements chinois, indiens, turcs, russes et brésiliens en Afrique, associés aux apports en devises d'une diaspora dynamique et généreuse, ont contribué à booster la croissance économique de l'Afrique subsaharienne (de 6 à 7 % en moyenne contre 0,3 % dans la zone euro aujourd'hui). Les prévisions de l'évolution de cette croissance et surtout de la contribution importante de l'Afrique noire dans le PIB mondial à l'horizon 2030, par les institutions

[65] « [...] L'Afrique n'a pas été gâtée par la nature : sols pauvres, climats souvent arides, ou alors forêts humides, malsaines et difficiles d'accès, interdites au bétail, donc à l'énergie animale », pp103-104 (1988).

internationales, remettent en cause l'afropessimisme de Dumont. Nous pensons que l'Afrique noire a tous les moyens pour assurer son autonomie alimentaire. Ses atouts reposent sur d'importantes ressources naturelles (eau, terre, soleil, sous-sol, faunes, etc.) et une main-d'œuvre abondante, jeune et de plus en plus formée, qui sont des facteurs favorables à la production agricole. Nous rappellerons ici que tous les sols sont cultivables dès lors que les techniques agricoles et agronomiques utilisées conviennent. Exemple: dans le désert, l'irrigation peut favoriser la culture des produits végétaux ; l'on peut y pratiquer de l'élevage (intensif ou extensif) comme en Espagne ou aux É.-U.. Les terres désertiques de Palestine et d'Israël fournissent des denrées alimentaires indispensables à l'alimentation des hommes qui y vivent. Israël a acquis son autonomie alimentaire en s'appuyant sur la recherche scientifique (productions OGM, poulets sans plumes, sélection génétique, etc.) et les techniques culturales modernes telles que l'irrigation, l'utilisation des engrais chimiques et pesticides.
Le maïs et le sorgho qui poussent aujourd'hui en Europe sont des plantes tropicales, à l'origine. La culture d'ananas (fruit tropical) sous serres a été réalisée avec succès à Saint-Malo (près de Rennes-France) en 1900[66] et en 2012. Les arachides ont également été récoltées dans les années 1900 à Melrand (dans le département du Morbihan en Bretagne).
Originaire des régions chaudes d'Asie, le soja (légumineuse) a été introduit dans certaines régions d'Afrique il y a plus d'un siècle. Il est aujourd'hui intégré dans l'alimentation de base des Africains. Le blé a été et est encore cultivé dans des pays africains au sud du Sahara.

---

[66] Eveillard James (2010).

L'Afrique tropicale peut faire pousser toutes les plantes sur son sol, à condition que les moyens techniques, technologiques, scientifiques et financiers soient réunis. La recherche scientifique et la sélection génétique ont révolutionné ainsi l'agriculture et l'élevage dans les pays riches ; c'est aussi faisable en Afrique subsaharienne.
L'Afrique peut également se nourrir d'elle-même si les entraves internationales telles que le PAS, l'APE, les aides alimentaires, le dumping agricole et les facteurs répulsifs (facteurs *push*)[67] tels que les guerres civiles, pandémies, crises économiques et catastrophes naturelles, ne viennent pas enrayer la mécanique.
Le choix de ces pays importateurs de denrées alimentaires soulève la question de leur souveraineté alimentaire.
Si l'on excepte les déserts, les régions polaires et les hautes montagnes, il n'existe pas de régions dont la production agricole soit déterminée par les contraintes du milieu : tout dépend des moyens dont disposent les hommes pour les mettre en valeur. (S. Brunel, 1999).

Pourquoi demander aux pays africains de pratiquer l'agriculture biologique ou l'agriculture paysanne qui ne peut actuellement répondre aux immenses besoins alimentaires de leur démographie galopante ? Le riz, maïs et blé, qu'ils importent en masse, ne sont-ils pas issus des cultures OGM (organismes génétiquement modifiés) ? Les poulets congelés et le lait en poudre importés ne proviennent-ils pas des élevages industriels ? Quelle est la part des produits de l'agriculture biologique dans les importations alimentaires des pays africains ? Elle doit être, sans aucun doute, nulle. Le pouvoir d'achat des Africains aujourd'hui ne peut leur permettre de s'approvisionner sur ce marché de produits issus de

[67] Boillot et Dembinski (2013, p.53). Facteurs *push* (facteurs répulsifs) opposés à facteurs *pull* (facteurs attractifs).

l'agriculture biologique. Actuellement, leurs préoccupations alimentaires sont plutôt quantitatives que qualitatives. C'est la raison pour laquelle nous plaidons pour une agriculture industrielle raisonnée ou écologiquement intensive en Afrique subsaharienne, modèle capable de relever durablement le défi démographique qui se profile à l'horizon 2030-2050.

Principaux producteurs de cacao dans le monde

Pays	**Volume** (milliers de tonnes)	**Valeurs** (millions de dollars US)
Côte d'Ivoire	**1559**	1619
Indonésie	712	740
Ghana	**700**	727
Nigéria	**400**	415
Cameroun	**272**	282
Brésil	249	258
Équateur	224	233
Togo	**100**	104

Source : FAO 2011

Population des pays africains et PIB en 2013

Pays	**Populations (millions d'hab)**	**PIB (milliards de dollars)**
Angola	**20,2**	**114,8**
Bénin	9,4	7,5
Burundi	8,7	2,5
Burkina Faso	17,5	10,3
Botswana	2,10	17,6
Cameroun	**20,5**	**24,5**
Cap vert	0,5	1,9
Comores	0,8	0,6
Congo	4,2	13,7
Côte d'Ivoire	**20,6**	**26**
Djibouti	0,9	
Érythrée	5,6	3,1
Éthiopie	**86,5**	**41,9**
Gabon	1,6	16,8

Gambie	1,8	0,9
Ghana	**25,5**	**41,9**
Guinée Bissau	1,6	0,9
Guinée	10,5	5,7
Guinée Équatoriale	0,7	20,6
Kenya	**42,7**	**41,9**
Lesotho	2,2	2,6
Libéria	4,2	1,8
Madagascar	21,9	10
Malawi	15,9	4,5
Mali	16,3	9,6
Maurice (Ile)	1,3	11,9
Mauritanie	3,6	
Mozambique	24,5	14,6
Namibie	2,4	12,1
Niger	16,6	6,6
Nigéria	**166,6**	**510**
Ouganda	35,6	20,5
RCA	4,6	2,2
RDC	69,6	17,7
Rwanda	11,3	6,9
RSA	**50,7**	**353**
Sao Tomé et Principe	0,2	0,3
Sénégal	13,1	13,9
Seychelles	0,1	1
Sierra Léone	6,1	3,8
Somalie	9,8	
Soudan et Sud-Soudan	45,7	11,4
Swaziland	1,2	3,7
Tanzanie	**47,7**	**28**
Tchad	11,8	9,7
Togo	6,3	3,6
Zambie	13,9	20,7
Zimbabwe	13	10,8

Source : Banque mondiale

PARTIE 3

Comment l'Afrique noire doit-elle « secondariser » son agriculture ?

En 2050, la population mondiale comptera environ 9 milliards d'habitants, dont près de 2 milliards seront africains. La population africaine croît rapidement et avec elle les besoins de nourriture. L'inélasticité de la demande des produits alimentaires dans cette région du monde justifie l'urgence de la « secondarisation » de son agriculture et de son élevage.
L'Afrique subsaharienne peut sortir du schéma colonial, qui la coince depuis les années 1960 dans la production des matières premières intégralement exportées en Occident, et diversifier son secteur agricole. Elle peut également promouvoir l'élevage industriel et les IAA, qui sont des gisements capitaux d'emplois et des créateurs d'importantes valeurs ajoutées.
Pour mener à bien sa « secondarisation » agricole, l'Afrique subsaharienne devrait s'inspirer des méthodes adoptées par des pays émergents et pays industrialisés, déployer des moyens financiers, humains et techniques permettant de soutenir la recherche et l'enseignement agricole, encadrer les structures agricoles et para-agricoles, développer les techniques modernes de production et soutenir la natalité. Elle devrait créer des conditions favorables pour un développement durable de l'agriculture et de l'élevage en subventionnant l'installation des femmes et des jeunes hommes, en créant un statut juridique des exploitants agricoles.
L'un des meilleurs moyens dont dispose un pays ou un continent pour freiner l'exode rural et l'exode agricole est l'installation des usines de transformations des produits agricoles et autres industries en milieu rural ; ce qui lui permet d'utiliser à plein l'intégralité de la main-d'œuvre disponible, de protéger ses produits contre le dumping agricoles des pays riches et d'exporter massivement une partie de sa production.

Cette troisième partie énumère des solutions pour « secondariser » l'agriculture et l'élevage en Afrique subsaharienne. Elle s'articule autour d'une vingtaine de propositions, dont certaines ont montré leur efficacité dans des environnements comparables à ceux de l'Afrique subsaharienne. Elle présente également des prérequis tels que le cadre législatif, la réforme du système foncier, la construction des infrastructures routières et l'électrification des milieux ruraux, qui doivent être réalisés avant le lancement du grand chantier de la « secondarisation » agricole.

1. Réduire les dépenses militaires

Au regard de leur budget, on constate que la plupart des pays africains consacrent d'importantes sommes d'argent aux achats des armes de guerre et à la défense nationale au détriment du développement des autres secteurs d'activité et notamment le secteur agricole (soient 44 % en Éthiopie et 17 % au Cameroun en 2012 pour la défense).
Les dépenses militaires des pays membres de l'ONU ont atteint 1000 milliards de dollars (dont 41 % pour les É.-U. et 11 % pour la Chine) en 2009 et 1720 milliards de dollars en 2013. Or, seulement 10 milliards de dollars suffiraient à résoudre le problème de la faim dans le monde.
Dans les pays africains au sud du Sahara, les dépenses militaires étaient de 17,1 milliards de dollars en 2009, soit une hausse de 106 % par rapport à 1998[68]. C'est la région du monde où les dépenses militaires ont le plus progressé. Bien que les dépenses militaires en Afrique subsaharienne soient faibles en valeur absolue, leur accroissement demeure préoccupant dans plusieurs pays (Burkina Faso, Mali, Tchad, Namibie, Malawi, etc.) moins en raison des capacités militaires qu'elles impliquent que pour les effets d'éviction qu'elles peuvent avoir sur les autres formes de dépenses publiques telles que l'agriculture, la santé ou l'éducation.

Les pays africains au sud du Sahara ou les pays du Sud ne sont-ils pas capables de mobiliser, annuellement et pendant cinq ans, 44 milliards de dollars pour relancer leur agriculture vivrière permettant ainsi d'atteindre l'objectif premier de l'OMD tel que l'indique la FAO ? Que ce soit

---

[68] Rapport du groupe de recherche et d'information sur la paix et la sécurité (GRIP) sur les dépenses militaires, production et transfert d'armes, 2011.

au Sud ou au Nord, les pays allouent des sommes colossales aux armées et à la défense au détriment de certains secteurs productifs tels que l'agriculture.
Au lieu de consacrer les profits enregistrés sur la vente du pétrole, du gaz et autres ressources du sous-sol, au développement de l'agriculture, les pays africains au sud du Sahara les utilisent à l'acquisition des armes de guerre souvent obsolètes. L'Angola a dépensé environ 3,1 milliards de dollars pour les dépenses militaires de 2008 à 2009 et 4 milliards de dollars en 2012. Il en est de même du Nigéria, premier exportateur africain du pétrole brut, qui a augmenté de 4 % ses dépenses militaires (soit 1,5 milliard de dollars) sur la même période. L'entrée en guerre de ce pays et de ses voisins (Cameroun, Tchad, Niger) contre la secte islamiste, Boko Haram, devrait leur permettre d'accroître leur budget respectif de la défense.
Selon le rapport des Nations unies sur l'armement, « *si les pays africains consacraient 5 % du budget qu'ils allouent à l'armée, ils résoudraient leurs problèmes de pauvreté* ». La déclaration de Maputo (Mozambique), adoptée le 11 juillet 2013, demande aux Africains de consacrer 10 % de leur budget à la résorption des problèmes de la faim.
Des pays africains devraient donc réduire leur budget de défense et affecter la partie déduite au budget de l'agriculture et de l'élevage. Ces pays devront également geler les recrutements du personnel administratif de l'armée et privilégier le financement de la formation, de l'installation des jeunes en agriculture, ainsi que les échanges à l'intérieur du bloc africain.

2. Privilégier l'échange Sud-Sud

Les Africains doivent produire ce qu'ils consomment et consommer ce qui est produit localement. Si cette logique

est suivie à l'échelle régionale, voire continentale, les échanges devraient, avant tout, s'effectuer entre Africains. Le poisson ne doit plus être péché dans le Sud (par exemple, à Dakar) et être consommé dans le Nord (Paris). De même, la banane ou le cacao ne doit plus être cultivé à Penja ou Ebolowa (Cameroun), à Yamoussoukro (Côte d'Ivoire), et être consommé à Bruxelles (Belgique). Il est enfin temps d'arrêter de produire le haricot vert en Ouganda pour qu'il soit consommé exclusivement en Angleterre, Allemagne, France.
Les échanges commerciaux les moins coûteux (en temps, transport, perte, gaspillage, etc.) se font entre pays voisins ou au sein d'un bloc communautaire, régional. Le manioc, produit et consommé dans la plupart des pays africains, s'échangera facilement entre pays voisins et surtout dans les régions ou les sous-régions. La production et la transformation de ce tubercule à l'échelle industrielle engendreront d'importantes valeurs ajoutées, créeront des milliers d'emplois locaux et contribueront à l'amélioration des conditions de vie des populations locales. Cette démarche d'« agriculture éthique »[69] mériterait d'être généralisée dans tous les bassins de production.

La part de l'Afrique subsaharienne dans le commerce mondial est totalement insignifiante (1 %). Elle exporte exclusivement des matières premières sur des marchés à terme où les rapports de force lui sont défavorables. Les cours de ces matières premières sont généralement à la

---

[69] Démarche éthique de développement durable de l'agriculture dans une région. Concrètement, les producteurs locaux vendent leurs produits aux coopératives locales qui les revendent aux transformateurs et distributeurs locaux. Ces derniers les vendent principalement aux consommateurs locaux ; ce qui permet de créer des emplois locaux. Le prix de vente, ici est égal au coût de production, plus la marge bénéficiaire. Le prix du marché mondial n'existe pas ici.

baisse, du fait des acheteurs des pays riches qui préservent leurs avantages économiques. Afin de sortir, partiellement, de ces marchés de demande où les échanges sont honteusement inégaux, les Africains devraient, de préférence, conquérir des marchés des pays du Sud, voire des pays émergents et accessoirement les pays occidentaux.

L'Afrique tout entière est actuellement l'enjeu d'une grande bataille commerciale entre les pays émergents et les pays occidentaux. Ces pays ont tous besoin de l'énergie et des matières premières africaines pour sauvegarder leurs productions industrielles ainsi que de la forte démographie africaine pour consommer leurs produits manufacturés. Il est grand temps que l'Afrique sorte de sa réserve et occupe cet espace commercial.

Un autre combat pour le contrôle du marché mondial se déroule de façon latente entre les firmes multinationales. Même si des pays émergents (Chine, Brésil, Thaïlande, Indonésie, etc.) tentent d'entrer dans la bataille, l'UE détient encore plus de 25 % du chiffre d'affaires mondial des multinationales de l'agroalimentaire devant les É.-U. (24 %), le Japon (15 %). Ces firmes réalisent la grande partie de leurs exportations dans le cadre des échanges commerciaux Nord-Nord. En rappel, 70 % des échanges commerciaux de l'UE se font à l'intérieur de la communauté. Il en est de même pour les pays de l'Amérique latine et de l'Océanie.
Au lieu de focaliser sa priorité sur les cultures de rentes, qui lui procurent des devises (euros, dollars), la mettent en situation de dépendance vis-à-vis de l'Occident, son principal acheteur, l'Afrique subsaharienne ferait mieux de développer, au préalable, des échanges intra et interafricains, ensuite, des échanges avec tous les autres

pays pauvres (Europe de l'Est, Amérique latine, Asie et Caraïbe) et les pays émergents en l'occurrence, les BRICS (Brésil, Russie, Inde, Chine et Afrique du Sud). De véritables marchés de produits agricoles (circuits courts et circuits longs) devront être organisés et mis en place dans chaque pays et au niveau sous régional. L'Inde et la Chine, sans oublier les pays du Maghreb et du Moyen-Orient, sont des clients potentiels d'une grande importance pour les exportations agricoles africaines.

3. S'inspirer des méthodes qui ont réussi ailleurs

L'Europe, les É.-U., les BRICS ont réussi à développer leur agriculture en prenant des mesures fortes telles que : la fermeture de frontières, la redistribution de terres agricoles, le soutien financier (subventions) à la modernisation des exploitations agricoles, la formation des agriculteurs, la production des denrées alimentaires consommées localement.

En 1950, on n'imaginait pas la Chine et l'Inde sortir du spectre de la faim. Or, en 1968, la révolution verte leur a permis d'acquérir leur indépendance alimentaire. Comment la Chine, l'Inde et même le Brésil ont-ils lutté contre la faim ?
La Chine s'est appuyée sur une politique de l'offre en multipliant sa production agricole alors que le Brésil a mis en avant la politique de la demande (programme « *faim zéro* » du président Lula) en accordant une allocation familiale aux femmes ayant un enfant, soit 40 € / enfant. L'Inde, quant à elle, a mis en place une politique sociale de distribution de céréales aux plus démunis. De son côté, l'UE a adopté le modèle agricole intensif et productiviste

qu'elle a hérité des moines Cisterciens. En révolutionnant les méthodes de production agricole au XIe et XIIe siècle, ces moines ont mis en œuvre un modèle d'agriculture très intensive avec peu de terre, mais beaucoup de capital, de travail et de charges. C'est ce modèle qui a permis à la Bretagne de se hisser au premier rang des régions agricoles de France et d'Europe, et surtout de sortir ses paysans de la misère.

3.1. Loi sur la sécurité alimentaire en Inde

Le 26 août 2013, l'Assemblée nationale de l'Inde a adopté une loi sur la sécurité alimentaire, garantissant à près de 800 millions d'Indiens (soit 75 % de ruraux et 50 % des urbains) l'accès aux denrées alimentaires de base à prix subventionnés (soit au moins 5 kilogrammes de céréales par mois et par personne).

Cette loi sur la sécurité alimentaire vient soutenir les pauvres et les classes défavorisées qui, jusque-là, étaient écrasés par l'inégalité, l'injustice sociale et la puissance des marchés.

L'Inde a aussi adopté en 2010 un amendement à sa Constitution rendant obligatoires l'école, les repas gratuits à l'école « *mid-day meals* ». Ces deux programmes ont connu des réussites retentissantes en Inde autant que la révolution verte qui avait profité à la paysannerie. Celle-ci avait été encouragée à s'intégrer dans l'économie moderne et surtout à écouler ses productions dans la grande distribution en plein développement dans les grandes villes.

3.2. Programme Bolsa familia (ou Bourse familiale) au Brésil

Le programme *Bolsa familia* a été lancé en 2004 par le président brésilien Lula da Silva, de 2002 à 2010, pour soutenir son initiative *Fome Zero* ou « *Faim zéro* ». Ce programme avait pour finalité de contribuer à la réduction de la pauvreté et des inégalités en fournissant de l'argent aux familles les plus pauvres du pays et à la rupture du cycle de transmission intergénérationnelle de la pauvreté en couplant ces transferts de fonds au respect par les bénéficiaires de certaines conditions telles que la scolarité des enfants, la couverture vaccinale et les visites prénatales. Il promouvait la sécurité alimentaire et nutritionnelle et contribuait à l'exercice de la citoyenneté des populations les plus vulnérables du pays. Les allocations versées aux familles variaient de 70 à 242 Reals (soit de 30 à 100 euros). Étaient éligibles à ce programme les familles extrêmement pauvres dont le revenu familial par personne était inférieur à 70 Réals avec ou sans enfant(s) et familles pauvres (dont le revenu se situait entre 70 et 140 Réals avec des enfants de moins de 17 ans ou dont la femme était enceinte ou allaitante (de 14 à 44 ans).

Les familles extrêmement pauvres, recevaient une somme fixe de 70 Réals, plus un transfert d'argent variable en fonction de la composition de la famille : 32 Réals par enfants (jusqu'à l'âge de 15 ans) avec une limite de 3 transferts. Les familles extrêmement pauvres avec adolescents de 16 ou 17 ans fréquentant l'école recevaient une prestation variable (à partir de 38 Réals). Toute famille pouvait recevoir jusqu'à deux prestations. Le transfert total pour les familles dont le revenu par habitant atteignait 70 Réals variait de 70 à 242 Réals. Les familles pauvres, dont le revenu par personne se situait entre 70 et

140 Réals bénéficiaient des mêmes sommes de prestations, mais ne recevaient pas la prestation de base, 70 Réals.
La collecte des données sur les familles et l'enregistrement des bénéficiaires dans un registre unique étaient de la responsabilité des maires des communes.
En 2011, plus de 12 millions de familles étaient concernées par ce programme, soit environ 44 millions de personnes et environ 4 % des dépenses publiques sociales.
Aux termes des OMD fixés par l'ONU en 2000 et visant à éradiquer la pauvreté et la faim à l'horizon 2015, le Brésil est l'un des 62 pays considérés comme étant sur la bonne voie pour la réalisation de ces objectifs. Il s'est distingué par son engagement et s'est d'ailleurs fixé des objectifs plus ambitieux que ceux du Millénaire. L'objectif du Brésil de réduire de 75 % le nombre de Brésiliens extrêmement pauvres était plus osé que celui du Millénaire à 50 %. Selon un rapport brésilien sur le suivi des OMD en 2011, l'objectif de la réduction de la pauvreté de moitié a été atteint en 2007 et dépassé en 2008, avec une baisse de l'extrême pauvreté à 4,8 % en 2008 contre 12 % en 2003.

Des pays comme le Mexique (Oportunidades/Progresa ou Opportunités/Progrès), la Colombie (Familias en Accion ou Famille en Action), Le Honduras (Programa de Asignacion Familar ou Programme d'Allocations familiales), la Jamaïque (Programme de progrès par la santé et l'éducation), le Nicaragua (Red de Proteccion Social ou Réseau de Protection sociale) ou le Bangladesh (Food for Education ou Vivres contre scolarisation) ont mis en place avec succès des programmes identiques.
Des pays africains peuvent s'inspirer de ces exemples pour réduire l'extrême pauvreté et la faim dans leur pays.

3.3. Modèle agricole productiviste breton (France)

À la sortie de la Seconde Guerre mondiale, les structures de production agricoles étaient détruites, les Européens ne mangeaient pas à leur faim et de nombreuses familles recevaient des bons alimentaires dans des mairies pour se nourrir. La politique agricole commune (PAC) a été mise en place en 1957 pour permettre aux agriculteurs européens de produire massivement de la nourriture à moindre coût pour nourrir une population nombreuse et appauvrie. Des moyens financiers, politiques et humains ont été mis en place et les résultats ont été obtenus. Autrefois déficitaire, l'Europe est devenue, en moins de trente ans, excédentaire. Elle est assez « *gaspilleuse* » de denrées alimentaires aujourd'hui.

La Bretagne, l'une des régions françaises initialement pauvres et misérables, a mis en place une stratégie consistant à retenir des jeunes dans leur région sur de petites portions de terre qui leur étaient attribuées. Des bâtiments d'élevages hors-sol (de porcs et volailles) ont été construits sur ces terrains et les jeunes bretons se sont mis au travail. Des programmes de développement de l'agriculture et de l'élevage (irrigations, engrais chimiques et pesticides, mécanisation, amélioration des conditions de stockage des récoltes, traitement des maladies de bétail, reboisement, etc.) visant à acquérir l'autosuffisance alimentaire ont été élaborés au niveau européen. Des aides européennes, nationales et régionales pour la modernisation de leurs élevages ainsi que l'organisation des filières pour l'écoulement des produits transformés localement et un encadrement technique de haut niveau (Groupements de Vulgarisation agricole, Chambres d'agriculture, Jeunesse agricole chrétienne, Centre d'Études techniques agricoles, coopératives, Groupements de producteurs, centres de recherches, etc.), ont permis aux jeunes de travailler sereinement afin de réussir leur vie au « pays » (gain d'argent) et surtout de fournir de la nourriture en abondance et à moindre coût aux populations. Le désenclavement des bassins de production, la construction des routes express (2x2 voies totalement gratuites), le remembrement et l'électrification des campagnes ont favorisé la transformation, la conservation et l'écoulement des produits bretons en France et à l'étranger.

En moins de 30 ans, la Bretagne autrefois pauvre, misérable et déficitaire en denrées alimentaires est devenue la première région agricole de France et a occupé pendant longtemps – occupe encore — l'une des premières places européennes en matière de productions animales. L'élevage et l'agroalimentaire ont permis à la Bretagne de sortir de son état de pauvreté ; l'on a parlé de « *Miracle breton* ». Le dynamisme de sa jeunesse, le savoir-faire de ses éleveurs et la qualité de ses centres de recherches ont contribué à la réussite d'un modèle agricole basé sur l'intensification des productions animales en claustration ou « *élevage hors-sol* ». Ce modèle agricole s'appuie sur un système d'intégration verticale ou « *travail à façon* » dans lequel l'éleveur est propriétaire du bâtiment ou terrain d'élevage. Les animaux et les aliments pour les nourrir ainsi que les médicaments pour les soigner sont fournis par l'industriel-transformateur, la coopérative ou le groupement de producteurs. L'éleveur signe un contrat qui fixe sa rémunération en fonction des performances zootechniques qu'il réalise sur chaque lot[70] d'animaux. Il reçoit également diverses primes octroyées sur la base de divers critères technico-économiques. Appliqué aux É.-U.

[70] Bande ou groupe d'animaux mis en place sur une durée d'élevage courte jusqu'à l'abattage.

depuis de longues dates, ce modèle a été bonifié en Bretagne et repris avec succès dans la plupart des pays de l'UE. La Chine, le Brésil et l'Afrique du Sud ont amorcé leur développement agricole autour du même modèle. De mégafermes industrielles en productions animales sont, de plus en plus, construites dans ces pays émergents.

Grâce aux engrais chimiques et pesticides, épandus à des doses supérieures aux normes (exemple, 1 tonne par hectare), la production céréalière (riz, blé, maïs, orge) a battu des records en 2014 dans le nord-est de la Chine, soit plus de 145 millions de tonnes[71] (contre 175 millions de tonnes en France). Des agriculteurs chinois épandent, aujourd'hui, 4 fois plus d'engrais chimiques à l'hectare qu'aux É.-U. et 3 fois plus qu'en Inde. Des élevages de porcs et de volailles sont calqués sur le modèle breton (immenses bâtiments industriels de 700 à 1000 truies). Les formateurs bretons y sont invités régulièrement dans une optique de transfert de savoir-faire, *in fine*.

L'Afrique du Sud, quant à elle, figure aujourd'hui, dans l'univers agricole, parmi les pays où la taille de ses élevages industriels suscite des polémiques. On y retrouve, comme aux É.-U., des élevages géants de plus de 40 000 vaches laitières. Ce modèle agricole américain se pratique sur de très vastes étendues, utilise des méthodes de culture très extensives avec peu de charges, très peu d'hommes et des fermiers peu attachés à leur terre.
Le Brésil a développé sa filière avicole en s'inspirant du modèle industriel breton et en attirant sur son sol des industriels occidentaux. Le premier groupe volailler breton, l'entreprise Doux, achètera la société brésilienne Frangosoul (4900 employés et 2650 éleveurs intégrés). Cette aventure brésilienne sera de courte durée. Malgré le

---

[71] Courrier International n° 1242, août 2014

retour définitif de cette entreprise en France, le Brésil est devenu l'un des principaux concurrents de Doux et des producteurs européens de volailles sur les marchés de poulets export[72] (poulets congelés). L'industriel brésilien, Brasil Foods et JBS, est aujourd'hui le second producteur mondial de poulets congelés, juste devant l'industriel breton Doux (177 millions de tonnes de poulets en 2015).

La situation de certains pays africains ressemble à celle de la Bretagne des années 1950, c'est-à-dire pauvre et misérable. Cette région très pauvre initialement, a pu éradiquer la pauvreté et la misère, développer son économie grâce à l'agriculture, l'élevage et les industries agroalimentaires. Des pays africains au sud du Sahara peuvent s'inspirer de cet exemple, tout en évitant les erreurs faites par la Bretagne, particulièrement au niveau environnemental.

Perverti par la recherche accrue du gain, un endettement lourd des paysans, une croissance infinie des rendements, par le « *laisser-faire, laissé produire* », ce modèle a été corrigé par le concept de développement durable. Des modèles alternatifs, capables de produire des denrées alimentaires en quantité, en qualité et à moindre coût tout en protégeant l'environnement ont été mis en place. Il s'agit de l'agriculture raisonnée, de l'agriculture de précision et de l'agriculture écologiquement intensive. Des régions pauvres du monde, en l'occurrence l'Afrique subsaharienne, doivent opter pour l'un de ces modèles alternatifs pour tripler ou quadrupler leurs productions agricoles afin de sortir leur population de la pauvreté et les éloigner de la faim et des risques écologiques.

---

[72] Poulets export : ce sont des poulets de chair élevés dans des bâtiments industriels et abattus à 32 jours d'âge. Ils sont généralement destinés à l'exportation en Afrique et au Moyen-Orient.

4. Définir une politique agricole réalisable

La politique agricole doit s'articuler autour : des objectifs nationaux et communautaires, de l'enseignement et de la formation agricoles, du soutien financier, de l'organisation administrative, de la protection des ressources environnementales, du modèle agricole à promouvoir, du régime fiscal à appliquer, des modalités d'installation des jeunes, de la gestion des déchets, etc.
L'objectif à réaliser par tous les pays africains au sud du Sahara doit absolument être celui de l'acquisition de l'autosuffisance alimentaire. La politique agricole doit préciser le cadre dans lequel se réalisera cet objectif. En d'autres termes, quel type d'agriculture ou quel modèle agricole adopté ? Quels financements pour les agriculteurs ? Quelle politique d'installation de jeunes ? Quelle politique de formation ? Quelle politique fiscale ? Quelle politique environnementale ? Comment l'agriculture doit-elle être administrée ?
Ces politiques doivent être inscrites dans une loi de modernisation de l'agriculture, validée par les députés et sénateurs. Les élus politiques (députés, maires des communes rurales, sénateurs), la société civile, les scientifiques, les agriculteurs, ont un rôle important à jouer dans l'élaboration d'une politique agricole nationale. Cette politique peut s'inscrire aussi dans un cadre communautaire, et dans ce cas l'implication active des hautes instances de tous les pays du bloc communautaire est déterminante.
À l'échelle européenne, les politiques agricoles nationales se conforment aux orientations de la politique agricole commune (PAC) définies à Bruxelles. Aux É.-U., la politique agricole est institutionnellement définie par le Congrès (Chambres des Représentants et Sénat) et ensuite proposée à la Maison-Blanche. L'examen du projet de loi

est en principe initié par la Chambre des Représentants, et particulièrement par le House Agriculture Commitee. Ensuite, le Sénat apporte des amendements au projet initial émanant de la Chambre des Représentants.

Enfin, la politique agricole devra être financée, soit par le consommateur à travers les prix élevés ou stables, soit par le contribuable à travers les subventions ou les aides directes aux producteurs. Compte tenu de la prédominance du secteur informel en Afrique (plus de 70 % de l'économie dans certains pays), les recettes fiscales ne seraient pas suffisantes pour financer l'agriculture. Il faudrait donc casser les reins à l'amateurisme dans le secteur agricole en créant le statut d'agriculteur professionnel. Pour être qualifiée « d'agriculteur professionnel », toute personne (morale ou physique) doit, au préalable, s'enregistrer à la préfecture et au ministère de l'Agriculture.

5. Professionnaliser le métier d'agriculteur

L'improvisation et l'amateurisme en agriculture ou élevage (élevage « sentimental »)[73] sont des freins à la modernisation du secteur agricole et peuvent même devenir dangereux en cas de problèmes sanitaires. Des animaux (chèvres, porcs, volailles) sont élevés dans l'une des pièces ou à l'arrière de la maison d'habitation, pour le cas de l'élevage, par des éleveurs amateurs qui n'ont aucune formation agricole et aucune connaissance technique en matière d'élevage. Ces opportunités qui s'inscrivent généralement dans le système économique

[73] Expression utilisée par R. Dumont qui considère comme « sentimental » un élevage dont les mobiles sont peu économiques ; le prestige se mesurant au nombre de bovins plus qu'au revenu obtenu.

informel doivent être définitivement enterrées par les autorités publiques.
Seront considérés comme agriculteurs ou auront le statut d'agriculteurs, des personnes ayant obtenu leurs diplômes, après une formation agricole, et qui seront autorisées par l'administration préfectorale ou le ministère de l'Agriculture à pratiquer l'élevage des animaux ou à cultiver telle plante, telle céréale. Cette autorisation permettra de recenser ou de répertorier les agriculteurs, les éleveurs, leurs surfaces agricoles utiles, leurs productions, leurs matériels et surtout de faciliter la répartition des aides aux producteurs. Elle permettra à l'État d'engranger de nouvelles recettes fiscales à travers les impôts que paieront ces agriculteurs professionnels (impôts fonciers, TVA[74] sur les produits agricoles et phytosanitaires).
La modernisation et la « secondarisation » de l'agriculture passent par une professionnalisation accrue, aidée par une administration agricole compétente, probe et consciente de l'objectif à réaliser. Elles permettront d'évincer une grande partie des producteurs primaires.
Pour un meilleur contrôle sanitaire et une protection de l'environnement, les éleveurs devront déclarer leurs animaux (nés, vivants et morts) et les identifier à travers des boucles, inscrits dans une logique de traçabilité.
La professionnalisation du métier d'agriculteur nécessitera un niveau de technicité élevé qui exigera des formations qualifiantes et adaptées aux conditions locales ou géographiques. Elle exigera également d'importants moyens financiers pour la création ou l'installation d'une structure de production agricole moderne.

[74] TVA : Taxe sur la Valeur ajoutée.

6. Attirer les capitaux étrangers

Pour atteindre l'objectif principal, qui est l'acquisition de l'autosuffisance alimentaire, les pays africains doivent soutenir financièrement les exploitants agricoles. Or, les recettes fiscales (impôts, taxes) et les salaires des travailleurs sont très bas pour faire supporter le financement de la politique agricole aux consommateurs ou aux contribuables.

Les pouvoirs publics peuvent mettre en place des conditions favorables pour attirer les fonds d'investissement, les investissements étrangers (privés et publics) ainsi que ceux de la diaspora. Il peut s'agir de la défiscalisation des créations des fermes modernes, des embauches dans l'agriculture et l'agroalimentaire ou de l'exonération fiscale périodique. Les aides financières des institutions internationales (Banque mondiale, FMI, Banque africaine de développement, etc.) doivent être également utilisées au financement de la politique agricole africaine.

Walter A. St-Hilaire (2014) pense, avec conviction, que l'Afrique finira par décoller à condition, de pouvoir attirer les capitaux extérieurs, de changer de mentalités et de comportements (corruption, inertie et lourdeur bureaucratique). Il estime également que l'agriculture est certainement l'un des secteurs porteurs d'avenir de l'économie africaine. Ainsi, la recherche, l'enseignement et la formation professionnelle agricoles, en sont les ingrédients capitaux de l'avenir prometteur de ce secteur.

7. Développer la formation professionnelle et l'enseignement agricole

L'enseignement agricole doit être considéré comme un maillon essentiel de la politique agricole des pays. Il doit être subventionné par les pouvoirs publics et aidé par les partenaires privés. Il doit faire partie du programme scolaire, de l'école primaire (à partir de 12 ans) jusqu'à l'enseignement supérieur.
L'enseignement agricole doit être aussi placé sous la tutelle du ministère de l'Agriculture et de l'Élevage afin de lier l'autorité à la compétence. Ce dernier doit créer des centres de recherches dotés de laboratoires et champs d'expérimentation, des centres de formation professionnelle, des collèges et lycées agricoles, des écoles d'enseignement supérieur agricole.
Toute personne souhaitant créer une exploitation agricole doit absolument avoir reçu une formation agricole sanctionnée par un diplôme reconnu par le ministère de l'Agriculture et de l'Élevage. En plus des connaissances techniques qui peuvent être acquises dans la pratique quotidienne, l'agriculteur ou l'éleveur moderne doit avoir de bonnes connaissances en comptabilité, culture générale, gestion et management, informatique.
Afin d'étendre sa vision agraire à toutes les sphères du pays, l'enseignement agricole doit être dispensé dans les casernes militaires et dans des centres pénitentiaires. Des militaires doivent être capables de cultiver la terre après la période de guerre et les prisonniers peuvent se reconvertir ou trouver un métier dans le monde agricole après avoir purgé leur peine.
L'enseignement agricole formera non seulement les agriculteurs professionnels et compétents dans leur domaine de production, mais aussi des techniciens

spécialisés et des agents administratifs d'encadrement agricole, des salariés ou ouvriers agricoles.
La formation doit se faire dans des établissements publics (les écoles, collèges, lycées et facultés agricoles) et privés agréés par le ministère de l'Agriculture (centres de formation). Elle peut aussi se faire dans des casernes militaires, dans des milieux carcéraux afin d'initier un maximum de personnes aux activités agricoles et d'élevage.
La formation agricole spécialisée doit être dispensée à partir du collège aux jeunes intéressés (13 ans et plus) et doit s'appuyer sur les recherches réalisées sur le terrain agricole.

8. Investir dans la recherche

La recherche agricole est une formidable piste pour sortir l'agriculture africaine du stade primaire dans lequel elle se trouve. Dans les pays industrialisés où l'agriculture est hyperperformante, la recherche agricole a joué et joue un rôle déterminant dans la révolution agricole et agroalimentaire.
La recherche est à l'origine de l'amélioration de la productivité et de la fécondité des vaches laitières, de la prolificité des truies et des poules pondeuses, de la rusticité des bovins et autres espèces animales, de l'amélioration des rendements céréaliers et de la croissance des animaux. Aujourd'hui, le concours de la recherche scientifique (chimie, biochimie, agronomie, biologie et génétique), a permis d'accroître de façon exponentielle les rendements agricoles : une vache laitière peut produire près de 12000 litres de lait par an, une truie obtient près de 3 portées de 22 porcelets par an (avec de 13 à 14 porcelets sevrés), un poulet de chair est élevé entre

29 et 32 jours, un porc charcutier est engraissé en 160 jours et une poule peut pondre près de 360 œufs par an. La récolte de blé peut atteindre 100 quintaux par hectare et celle du maïs, environ 90 quintaux par hectare ; ce qui représente un progrès extraordinaire au regard des résultats agricoles précédant la révolution industrielle.
La recherche agronomique et les manipulations génétiques ont permis d'obtenir aujourd'hui des céréales OGM[75], des poulets sans plumes plus adaptés aux conditions climatiques des pays tropicaux, des souches de truies dont les déjections émettent moins d'azote (intéressant pour la protection de l'environnement), d'avoir une grande variété de fruits et légumes et d'obtenir de la viande in vitro (in vitro meat) à partir des cellules cultivées en laboratoires.
Elle est financée autant par les autorités publiques que par le secteur privé. Les autorités publiques africaines doivent mobiliser plus de moyens financiers pour accompagner la recherche agricole, créer des instituts spécialisés de recherches dans des bassins de production. Elles doivent également créer des conditions permettant au secteur privé d'investir dans la recherche agricole.

9. Promouvoir l'agriculture et l'élevage

Cette promotion se fera par le biais des foires-expositions, des comices agricoles, des fêtes d'agriculture et de l'élevage, des actions publicitaires dans les médias, la sensibilisation dans des écoles primaires et élémentaires (agriculture et élevage au programme des écoles et

[75] 4% des terres agricoles sont cultivées dans le monde avec des plantes OGM, soit 170 millions d'hectares en 2013 et 181 millions d'hectares en 2014 (dont 73 millions pour les É.-U., 42 millions pour le Brésil et 24 millions pour l'Argentine).

collèges), la mise en place des organes de vulgarisation agricole (OVA) dans toutes les régions du pays.
L'exemple de l'Ouganda est spectaculaire, innovant et reproductible dans la plupart des pays africains où les émissions de divertissement télévisuelles retiennent l'attention d'un très grand nombre de jeunes. Ainsi, pour prétendre au poste de Miss Ouganda, les candidates doivent non seulement être belles et intelligentes, mais surtout savoir traire les vaches et garder les moutons. L'agriculture est le premier pourvoyeur d'emplois dans ce pays, comme dans la plupart des pays à niveau de vie comparable.

L'élevage des animaux destinés à la consommation humaine est un immense gisement d'emplois qui génère d'importantes valeurs ajoutées lorsqu'il est industrialisé. Depuis 50 ans, la production mondiale de viande a été multipliée par quatre. Elle a franchi le chiffre de 300 millions de tonnes en 2014.
La consommation de viande (principalement « blanche ») ne cesse de croître au niveau mondial[76], surtout lorsque la situation économique d'un pays s'améliore. On observe une corrélation entre le niveau de développement du pays et sa consommation de viande. Lorsque le niveau de vie des populations s'améliore, la consommation de protéines animales augmente. Ce fut le cas dans la plupart des pays industrialisés ; c'est également le cas dans les pays émergents ou en voie d'émergence. La croissance économique rapide de la Chine dans les années 1980 s'est traduite par une augmentation exponentielle de la

[76] 286 millions de tonnes de viandes sont consommés tous les ans dans le monde, soit 115 millions de tonnes de porcs, 91 millions de tonnes de volailles, 60 millions de tonnes de bœufs et 14 millions de tonnes de moutons (sans compter les 130 millions de tonnes de poissons et 700 millions de tonnes de lait).

consommation individuelle moyenne de la viande. Aujourd'hui, un Américain consomme environ 150 kg de viande par an, un Européen, entre 90 et 100 kg et un Chinois, 52 kg (contre 45 kg en 2007 et 4,5 kg en 1960)[77]. Selon la FAO, 2 milliards de personnes souffraient encore en 2008 à des degrés variés de malnutrition due, principalement, à des carences en protéines animales. Il existe encore 20 pays en développement dans lesquels la consommation moyenne annuelle de viande par habitant est inférieure à 10 kg. La lutte contre ce fléau, en Afrique subsaharienne, passera impérativement par le développement des élevages écologiquement intensifs ou des élevages conventionnels raisonnés.

L'Africain au sud du Sahara consomme en moyenne 10 à 12 kg de viande par an. Compte tenu de son dynamisme démographique impliquant une forte demande en protéines animales et de la perspective favorable de son économie, l'Afrique subsaharienne doit investir dans l'élevage industriel raisonné de porcs, volailles et bovins. Des pays émergents comme la Chine et la Russie se sont clairement réengagés dans le développement des élevages industriels de porcs et volailles dans leurs pays. Pour éviter de dépendre en permanence des importations occidentales et surtout assurer leur souveraineté alimentaire, ces deux pays ont adopté en 2013 des politiques de soutien aux investisseurs dans la filière « élevage » (subventions, facilité d'accès à des prêts bancaires, etc.). En exportant plus ses viandes que ses céréales, le Brésil exporte plus de valeurs ajoutées.

[77] Rapport de la Banque Mondiale 2008.

Sachant que l'activité d'élevage[78] consomme énormément des céréales (maïs, blé, sorgho), tubercules (manioc, ignames, patate douce), oléagineux et légumineuses (soja), son développement implique celui des cultures de ces céréales, légumineuses, tubercules et de fourrages. L'élevage industriel ou écologiquement intensif sera un véritable accélérateur des productions céréalières, fourragères et un réel vecteur de la croissance inclusive.
L'importation des poulets congelés en Afrique n'a pas eu uniquement des effets néfastes sur l'économie : concurrence déloyale, faillite des aviculteurs, anéantissement du tissu productif local, etc. ; elle a, par ailleurs, favorisé la vulgarisation de la consommation de la viande de poulet. Du fait de son prix extrêmement bas, toutes les couches sociales africaines avaient et ont accès au poulet congelé. Cette accessibilité quotidienne aux cuisses de poulets congelés a boosté la demande de cette viande dans tous les pays africains. Face à une explosion de la demande (80 000 tonnes au Cameroun), largement supérieure à l'offre (40 000 tonnes), les pouvoirs publics ont incité des jeunes et des investisseurs privés à créer des élevages avicoles en leur accordant des aides financières et des formations. Il en résulte que de nombreux élevages modernes (de type industriel) se créent de plus en plus aujourd'hui dans des pays africains au sud du Sahara.

10. Sédentariser les élevages

En Afrique subsaharienne, les élevages de bovins sont généralement pratiqués par des hommes peuhls, le plus souvent nomades. Au Cameroun, ces peuples sont originaires du nord où la saison sèche, extrêmement rude,

[78] Pour produire 1 kg de poulet, il faut 2 kg de céréales et pour produire 1 kg de viande de porc, il faut 3 kg de céréales.

se caractérise par le tarissement de toutes les sources d'eau, la désertification de toutes les zones de pâturage. Confrontés à ces conditions climatiques peu favorables à leur activité d'élevage, ces Peuhls, accompagnés de leurs troupeaux, effectuent la transhumance du Nord vers le sud où ils se déplacent de ville en ville, à la recherche d'herbes à pâturer. On retrouve souvent ces bergers et leurs animaux très amaigris, pâturant les pelouses des espaces verts dans de grands centres urbains du Cameroun, engendrant des nuisances olfactives, des pollutions esthétiques et des accidents divers. Des kilomètres de trajets, effectués à pied, à la quête de l'herbe comme ration alimentaire, épuisent les bêtes, dégradent leur état sanitaire, les exposent aux attaques des prédateurs, freinent leur engraissement, perturbent la reproduction des femelles et influencent la qualité de la viande. Ces conditions retardent l'abattage des bovins et la mise sur le marché de la viande bovine ; ce qui procure un revenu peu satisfaisant aux éleveurs comparativement à la durée de l'élevage et aux peines endurées. Existe-t-il des solutions alternatives à cette pratique d'élevage ?
Ces éleveurs peuvent certainement pratiquer différemment leur activité. En saison de pluie, dans le nord, leur région d'élevage, les éleveurs peuvent semer l'herbe et la récolter sous forme de foins qu'ils distribueront au bétail en saison sèche. Ils peuvent également semer du maïs ou du sorgho qu'ils récolteront sous forme d'ensilages à distribuer aux animaux toute l'année. Ils peuvent aussi fabriquer sur l'exploitation des blocs d'oligo-éléments qu'ils apporteront en compléments des aliments protéiniques et énergétiques. Ils pourront aussi faucher l'herbe à éléphant (Sissongo) qui pousse naturellement en saison des pluies et en apporter régulièrement au bétail. Ces solutions s'inscrivent pratiquement dans le cadre d'une

sédentarisation et d'une « secondarisation » de l'activité exigeant une mécanisation du travail.
La « secondarisation » des élevages devrait, globalement, mettre un terme au nomadisme des éleveurs de bovins et à l'amateurisme de certains « débrouillards » ou éleveurs clandestins. Elle valorisera les tourteaux de coton, d'arachide, de palmiste ou de cacao.
La sédentarisation des élevages permettra de répertorier des éleveurs professionnels, de les localiser, de les encadrer, de leur apporter des aides ou soutiens financiers nécessaires et surtout d'améliorer leurs conditions de travail et leur revenu. Elle permettra aussi d'étouffer l'esprit pastoral qui persiste dans certaines régions, de mieux gérer l'effectif des animaux et de canaliser les effluents d'élevage dans le cadre d'une réglementation environnementale. Ce dispositif réglementaire ou normatif devrait établir un zonage territorial permettant d'éviter des installations ou pratiques anarchiques des élevages en milieu urbain et surtout d'éviter de répandre des pathologies animales, des épizooties ou des zoonoses sur l'ensemble du territoire.

11. Protéger l'environnement et les ressources naturelles

Avec près de 2 milliards d'habitants en 2050, l'Afrique risque de connaître de graves problèmes écologiques. L'explosion démographique aura certainement un impact négatif sur l'environnement en matière d'exploitation des sols, sous-sols, forêts, océans et de gestion des déchets. Évidemment, les terres seront sollicitées pour l'habitat, les routes, les écoles, les hôpitaux, les usines, les marchés, l'agriculture et l'élevage. Dans le monde, l'alimentation du bétail représente environ 70 % des surfaces agricoles.

L'augmentation de la consommation de viande à près de 50 % d'ici 2020 aura indéniablement une incidence sur l'environnement. La production des biens et services, pour répondre aux besoins des milliards d'Africains, engendrera des millions de tonnes de déchets (ménagers, agricoles et industriels) qu'il faudra, soit recycler, soit traiter ou incinérer.
La protection de l'environnement passe par la mise en place des normes et règlements auxquels doivent se conformer tous les agriculteurs et éleveurs. Ils porteront, entre autres, sur le zonage territorial, la gestion de l'eau et des effluents d'élevage et sur l'utilisation des produits phytosanitaires.

11.1. Le zonage territorial

Les autorités publiques doivent établir des zones d'activités industrielles, artisanales, commerciales et agricoles. Des activités industrielles, artisanales et agricoles (élevages, par exemple) doivent être éloignées des centres urbains, des zones d'habitation, de tourisme et des points d'eau (rivières, cours d'eau, étangs, océans, mers, points de baignade, etc.).
Des maisons d'habitation doivent être construites en tenant compte impérativement d'un pôle agricole ou pôle « vert » (jardin ou jardinet) pour cultiver des légumes ou fruits en cas de coups durs (pénuries ou cherté de la vie). Il faudrait distinguer des zones à forte densité des zones à faible densité d'élevage. Les installations doivent être rigoureusement réglementées et contrôlées dans des zones à forte densité d'élevages et à excédent d'effluents.
Il faudra également distinguer des zones vertes (où l'environnement est plus préservé) des zones rouges (où l'environnement est dévasté ou plus pollué). Les activités

polluantes doivent être interdites dans les zones vertes et limitées dans les zones rouges. Des zones grises pourront accepter des activités polluantes et non polluantes.

11.2. Les effluents d'élevage

L'implantation des usines ou des IAA contribuerait à la valorisation des produits vivriers, des produits de la pêche et de l'élevage. Le développement et l'intensification des élevages entraîneraient une forte concentration de déjections animales ou d'effluents d'élevage qui poseraient des problèmes écologiques. Considérés comme des engrais organiques, ces effluents sont utilisés pour fertiliser des champs de céréales, légumineuses et tubercules.
Leur épandage excessif sur des sols nus entraînerait la pollution de l'air, des nappes phréatiques, des cours d'eau, des océans, voire même la mort des ressources halieutiques. Une réflexion doit être menée sur le stockage des effluents (fosses à lisier, fumières), le calendrier d'épandage (saison d'épandage), la quantité à épandre à l'hectare et sur son association avec des engrais chimiques.

11.3. Les engrais chimiques et les pesticides

La « secondarisation » de l'agriculture en Afrique doit privilégier les industries d'amont, telles que les fournisseurs de moyens de production nécessaires à l'agriculture moderne (engrais, tracteurs, etc.) et les industries d'aval (les industries agroalimentaires : IAA, les abattoirs, etc.). Elle devrait entraîner une « chimisation » importante des productions végétales.

La création des usines de fabrication des engrais chimiques et pesticides contribuera à la modernisation de l'agriculture et surtout à la création des emplois. L'utilisation de ces engrais booste les rendements agricoles, les productions animales et le pouvoir d'achat des exploitants. René Dumont considère les engrais azotés comme les « *véritables fers de lance du progrès agricole* ».
Les pesticides et les produits phytosanitaires ont été déterminants dans l'accroissement des récoltes céréalières en Chine ces dernières années. Les paysans chinois obtiennent aujourd'hui de huit à neuf tonnes de céréales à l'hectare soit deux fois plus qu'il y a 20 ans lorsqu'ils utilisaient très peu d'engrais chimiques et de pesticides. Grâce aux produits phytosanitaires, même les terres les plus pauvres de Chine sont désormais en mesure de produire des céréales. Même si l'État chinois proscrit des produits phytosanitaires toxiques comme le Lindane, et préconise l'usage des pesticides biologiques non persistants et des engrais biologiques assimilables par les cultures, aucun agriculteur ne compte abandonner les pesticides.

Les pouvoirs publics africains, comme en Chine, doivent subventionner l'utilisation des engrais afin d'encourager leur consommation.
La consommation des engrais chimiques et organiques doit être vulgarisée auprès des exploitants agricoles à travers des formations, des enseignements, des encadrements, des animations et de l'information agricoles. Cette consommation doit être rigoureusement raisonnée afin de limiter les risques de pollution des aliments, des sols et de l'eau.

11.4. La protection et la gestion de l'eau

L'agriculture et l'élevage sont de gros consommateurs d'eau. Ils l'utilisent pour alimenter les plantes et les animaux, mais aussi pour nettoyer les équipements ou matériels agricoles (bâtiments, tracteurs, pelle, houe, etc.). La qualité de l'eau étant un facteur déterminant pour un meilleur résultat agricole, l'eau utilisée est généralement potable (bactériologiquement et chimiquement).
La pollution, le gaspillage ou le manque d'eau serait dramatique, voire catastrophique pour la production agricole.
Depuis 1964, l'UE a mis en place une Directive sur l'eau fixant, régulièrement, des seuils de certaines substances à ne pas dépasser dans l'eau potable (nitrates, pesticides, etc.). Les prélèvements d'échantillons d'eau dans les nappes phréatiques, les bassins versants, les cours d'eau, etc. sont généralement effectués pour mesurer la potabilité de l'eau dans chaque région et pays. Les pays ou régions dépassant les seuils fixés sont rappelés à se conformer et sont pénalisés en cas de récidive.

Dans la perspective de développement de son agriculture, l'Afrique subsaharienne doit élaborer des dispositifs réglementaires et normatifs visant à éviter des gaspillages d'eau, à protéger les ressources en eau et la gestion de l'eau.
Des compteurs d'eau doivent être installés dans les exploitations agricoles, sur des puits ou forages, afin de faire payer les consommations. Des eaux pluviales et les eaux de drainage doivent être collectées et réutilisées sur l'exploitation. Les paysans doivent rechercher des matériels plus économes en eau et surtout cultiver des plantes suivant leurs rendements en grain au mètre cube d'eau. Aucune gratuité de l'eau ne doit exister. Les

autorités administratives doivent élaborer des règlements protégeant les nappes phréatiques et les bassins versants. Ils doivent également développer et réglementer l'irrigation.

12. Développer le système d'irrigation

Les agriculteurs africains n'ont pas une culture ou une tradition d'irrigation comme en Asie, en Europe ou au Moyen-Orient. Très peu de champs sont irrigués en Afrique subsaharienne, faute de maîtrise technique (arrosage, aspersion), de moyens technologiques et financiers ; ce qui explique, en partie, le faible niveau des productions en céréales. Seulement 7 % des terres arables sont irriguées en Afrique (E. Smith, 2009).
Bien que consommatrice et gaspilleuse d'eau, l'irrigation contribue incontestablement à l'amélioration des rendements de cultures dans les régions ou zones chaudes. Cependant, en cas d'irrigation excessive on peut assister à une baisse de rendements, une dégradation des sols et une baisse de leur fertilité. Les pays occidentaux, des pays émergents et surtout Israël, utilisent le système d'irrigation pour une bonne partie de leurs productions végétales. Installé dans les pays africains, ce système permettra d'accroître les rendements en céréales et surtout de lutter contre la faim. En 2006, la Banque mondiale a mené une étude de faisabilité sur l'installation du système d'irrigation au Niger, deuxième pays le plus pauvre du monde suivant l'IDH[79] du PNUD[80]. Les résultats de cette étude ont montré que les pompes installées sur les nappes phréatiques et un système de canalisation capillaire du fleuve permettraient, sans grandes difficultés techniques, d'arroser près de 440 000 hectares de terres. La réalisation

[79] IDH : Indicateur de Développement humain.
[80] PNUD : Programme des Nations Unies pour le Développement.

de ce projet permettrait au Niger d'acquérir son autonomie alimentaire et donc d'éradiquer la faim dans le pays.

13. Instaurer les comices agricoles régionaux

Les comices agricoles ont pour rôle de promouvoir l'agriculture et l'élevage en récompensant les agriculteurs et éleveurs méritants par des primes et en permettant aux autres de s'améliorer. Ils impulsent une réelle émulation entre les agriculteurs. Chacun cherchant à obtenir une prime ou à être bien classé lors des prochains évènements. Ils contribuent à l'amélioration de l'état de l'agriculture.
Jusqu'à présent, les comices agricoles ont cours en France dans les cantons. Le premier comice agricole en France a été lancé en Bretagne (dans la commune de Plesder, près de Rennes) en 1815. Ensuite, de nombreux comices cantonaux vont voir le jour partout dans le pays, tout au long du XIXe siècle. Ils auront pour but de vulgariser les meilleures techniques culturales (par des cours, conférences, champs de démonstration, etc.), d'encourager l'élevage de meilleures races d'animaux ou de la meilleure génétique, de seconder le développement des progrès de l'agriculture dans le canton, de promouvoir l'enseignement agricole et d'encourager les améliorations foncières.
En Afrique subsaharienne, en plus des salons, foires ou fêtes d'agriculture qui doivent s'organiser annuellement au niveau national, des comices agricoles devront se tenir également dans chaque région du pays, avec une rotation entre les chefs-lieux de département, tous les deux ans.

14. Créer des syndicats agricoles

Pour défendre les intérêts professionnels des agriculteurs auprès des pouvoirs publics, des industriels et des distributeurs de produits agricoles, des syndicats agricoles doivent prendre leur place dans le système afin de jouer pleinement le rôle qui leur est assigné. Ce rôle ne consiste pas uniquement à prendre la défense des agriculteurs, mais il s'agit également de fixer des orientations de la politique agricole nationale, de porter la parole des agriculteurs auprès des autorités politiques et à la table des négociations commerciales à l'échelle nationale ou internationale. Les syndicats agricoles jouent le rôle d'interface entre les producteurs agricoles et les acteurs non producteurs. Ils s'inscrivent, par ailleurs, dans les idéologies en présence localement.
En France, la FNSEA[81], syndicat majoritaire et proche de l'idéologie libérale, la Confédération paysanne, syndicat minoritaire et proche des écologistes, ainsi que d'autres syndicats tels que la coordination rurale et le MODEF[82] ont été présents dans de diverses luttes agricoles pour la défense des intérêts de leurs adhérents et du monde rural.

15. Soutenir la croissance démographique

Depuis l'Antiquité, les politiques démographiques ont toujours suscité des controverses et des affrontements idéologiques entre ceux qui sont contre et ceux qui sont pour une politique nataliste. On a ainsi assisté dans le passé à une opposition entre la position platonicienne et

---

[81] FNSEA : Fédération nationale des Syndicats des exploitants agricoles.
[82] MODEF : Mouvement de Défense des Exploitants Fermiers.

aristotélicienne favorable à la natalité (appliquée en France par Colbert) et la position malthusienne défavorable à la politique nataliste. Cette dernière vision a été reprise par les libéraux dans la plupart des pays occidentaux et est toujours d'actualité aujourd'hui. Pour les malthusiens et libéraux, la quantité de la population est un problème alors que pour d'autres le problème se situe au niveau de la qualité de la population. L'Allemagne, l'Italie et le Japon mettront ainsi, en place, au 20e siècle une politique eugéniste[83] de natalité soutenue par des mesures fiscales et sociales avantageuses.

Aucun pays n'a émergé ou ne s'est développé sans une démographie forte. Il suffit de s'intéresser à l'évolution démographique et aux politiques familiales des pays riches et émergents pour s'en convaincre. Imposer le planning familial en Afrique serait une réhabilitation du malthusianisme. A. Sen et M. Yunus, estiment que l'éducation scolaire des jeunes filles est le meilleur contraceptif et le meilleur régulateur des naissances dans les pays pauvres.

L'Afrique a besoin d'une main-d'œuvre en quantité et en qualité pour dynamiser la croissance agricole et impulser son développement économique. Une démographie forte constitue également un atout considérable pour l'Afrique dans la compétition mondiale en matière de compétitivité. Non seulement cette force du travail coûtera moins cher, mais elle constituera aussi une demande de poids pour les denrées produites localement.

L'Afrique, de plus de 1,8 milliard de personnes en 2050, sera l'une des puissances démographiques du monde et aura indéniablement une influence sur la création de la richesse mondiale. Elle attirera, sans aucun doute, des

---

[83] Choix ou sélection des bébés à naitre sur la base des gènes ou caractères héréditaires positifs des parents (intelligence, couleur des yeux et de la peau, la taille, etc.

investisseurs étrangers qui y trouveront un gisement de main-d'œuvre jeune, bien formée, moins coûteuse et dynamique.
L'Afrique noire est encore sous-peuplée. Sa densité moyenne en 2000 est de 27 hab/km² contre 25 hab/km² pour l'Amérique latine, 54 hab/km² pour l'Amérique centrale et 116 hab/km² pour l'Asie. Cette densité était de 7 hab/km² en 1950 en Afrique subsaharienne.
Les pays africains qui enregistrent aujourd'hui les meilleurs résultats économiques, en l'occurrence en matière de création de richesses (valeurs ajoutées), sont ceux qui tirent profit de leur croissance démographique.

Les problèmes de pauvreté et de faim en Afrique ne sont pas dus au surpeuplement ou à l'explosion démographique, mais plutôt à un problème de sous-emploi et d'employabilité des jeunes qui, en définitive, cherchent à émigrer vers l'Europe. Or, il suffit de « secondariser » l'agriculture pour créer des millions d'emplois susceptibles de retenir une grande partie de ces jeunes sur le continent.

Les 10 premières économies africaines en 2013

Pays	**Nombre d'habitants (en millions)**	**PIB (en milliards de dollars)**
Nigéria	166	510
RSA	50	353
Angola	20	114,8
Éthiopie	90	41,9
Ghana	26	41,9
Kenya	43	41,9
Tanzanie	48	28
Côte d'Ivoire	21	26
Cameroun	22	25
Zambie	14	21

Source : Courrier International n°1249 du 09-15 octobre 2014

Évolution de la population par région (en millions de personnes de 1900 à 2012)

Régions	**Population en 1900**	**Population en 2012**
Afrique	99	1051
Amériques	145	671
Asie	871	3900
Europe	420	981
Moyen-Orient	19	221

Source : Courrier International n°1190 du 22-28 août 2013

16. Maîtriser l'évasion des capitaux en incitant à l'investissement dans l'agriculture

D'importantes sommes d'argent sortent illégalement chaque année de l'économie des pays africains pour alimenter celle des pays riches. Au regard de ces chiffres, on observe que dans certains pays (le Cameroun, par exemple) les évasions de capitaux sont désespérément supérieures aux budgets des secteurs clés du développement tels que l'agriculture, la santé et l'éducation. Ces évasions de capitaux sont insoutenables pour les pays les moins agricoles comme le Gabon, l'Égypte et pour les pays à faible potentiel agricole comme le Mali.
L'Égypte, dont l'essentiel de l'alimentation est importé, enregistre tous les ans près de 5,656 milliards de dollars d'évasion de capitaux ; le pays le plus peuplé d'Afrique (avec 166 millions d'habitants) et le plus riche (avec 510 milliards de dollars de PIB en 2013), en l'occurrence le Nigéria, est également le pays où l'évasion des capitaux est la plus marquante avec plus de 17 milliards de dollars par an.

Prendre des mesures répressives fortes permettant de juguler ces évasions de capitaux et des mesures incitatives pour l'investissement dans l'agriculture et l'élevage, contribueraient non seulement à la création des emplois, mais surtout à la relance de l'économie.
Les sommes investies dans l'agriculture pour l'achat du matériel, construction des bâtiments, acquisition d'une exploitation agricole ou d'un terrain agricole, doivent être considérées comme des sommes défiscalisables, c'est-à-dire déductibles des impôts. Tout investissement dans l'agriculture, l'agroalimentaire et la recherche agricole doit être défiscalisé. Ce qui pourrait attirer des investissements étrangers dans ce secteur et créer ainsi des millions d'emplois.
Afin de promouvoir les exploitations agricoles familiales, une fiscalité avantageuse doit leur être accordée par rapport aux exploitations géantes, de type industriel.

Évasions des capitaux (moyenne annuelle 1999-2008 en millions de dollars par an)

Pays	**Capitaux sortis**
Algérie	614
Angola	**2406**
Bénin	-
Botswana	383
Burkina Faso	-
Burundi	-
Cameroun	509
Cap-Vert	-
Comores	-
Congo	1216
Côte d'Ivoire	1195
Djibouti	104
Égypte	**5656**
Érythrée	-
Éthiopie	879
Gabon	573
Gambie	560

Ghana	141
Guinée	560
Guinée Bissau	-
Guinée Équatoriale	-
Kenya	192
Lesotho	126
Libéria	-
Libye	-
Madagascar	491
Malawi	-
Mali	583
Maroc	1429
Maurice	-
Mauritanie	110
Mozambique	187
Namibie	-
Niger	-
Nigéria	**17188**
Ouganda	478
RCA	-
RDC	-
RSA	**8038**
Rwanda	115
Sao Tomé et Principe	-
Sénégal	-
Seychelles	186
Sierra Léone	-
Somalie	-
Swaziland	161
Tanzanie	374
Tchad	-
Togo	104
Tunisie	1149
Zambie	598
Zimbabwe	489

Source : Alternatives économiques n° 295, septembre 2010

17. Activer le levier protectionniste : l'exception agricole

Dans les textes de l'organisation mondiale du commerce (OMC), il existe un outil de protection des structures de production nationales de l'agriculture que l'on appelle, *l'exception agricole*. Cet outil peut être utilisé par des pays africains au sud du Sahara pour protéger leurs marchés agricoles et surtout leur agriculture encore sous-développée.

Tous les pays qui ont, jusqu'ici, pu développer leur agriculture (exemple, la Chine, les pays de l'UE, les É.-U., Taïwan, etc.) ont, tout d'abord, pris des mesures de protection de l'agriculture et du marché intérieur en fermant leurs frontières pour écouler leurs productions, puis se sont lancés ensuite à l'exportation.

Après la Seconde Guerre mondiale, plus précisément dans les années 1950, l'agriculture européenne était dans un état identique à celui de l'Afrique subsaharienne aujourd'hui, c'est-à-dire dans le sous-développement. Elle était incapable de répondre aux besoins alimentaires de ses populations et était contrainte d'importer des denrées alimentaires. Ces importations détruisaient le tissu productif local et empêchaient tout développement économique. Pour sortir de cette décadence économique, les autorités politiques européennes, malgré leur engagement dans le GATT[84] (OMC), ont adopté une mesure protectionniste (instauration d'un droit de douane à l'entrée de l'Europe) mettant l'agriculture européenne à l'abri de la concurrence. L'instauration de droit de douane à l'entrée de l'Europe permettait aux États de relever artificiellement les prix des produits achetés et favoriser la consommation des produits locaux, même si ceux-ci sont chers. Les Pays-Bas avaient mis en œuvre un droit de douane variable s'ajustant aux fluctuations des prix du fait des aléas climatiques. En 1962, le Général de Gaulle imposa, à toute l'Europe agricole, en plus de ce droit de douane, l'instauration des prix garantis et des restitutions à

[84] GATT : General Agreement on Tarif and Trade, renommé aujourd'hui, OMC.

l'exportation. C'est en protégeant ainsi leur capacité de production que l'Europe, les É.-U., la Chine ou l'Inde ont pu acquérir leur autosuffisance alimentaire.
Les pays africains peuvent utiliser cet outil protectionniste pour procéder au développement de leur secteur agricole. C'est d'ailleurs un droit prévu par l'OMC aux pays en développement (PED).
Des compétences pour organiser, encadrer, administrer et moderniser les filières agricoles et l'agriculture existent ; les moyens financiers pour soutenir les agriculteurs et les industriels dans l'achat d'équipements modernes, de semences sélectionnées, des silos, des produits phytosanitaires, etc., existent également. Cependant, il faudrait des hommes politiques volontaristes pour prendre des mesures courageuses.

18. Installer des usines ou des industries agroalimentaires (IAA) en campagne

La proximité des exploitations agricoles des industries d'amont (usines d'aliments pour bétail, usines d'engrais et semences, de matériels agricoles) et d'aval (usines de transformation de produits agricoles) permet de réduire les pertes de récoltes, d'accroître les rendements et de créer des emplois et de la valeur ajoutée supplémentaires dans le secteur agricole.
« *L'industrie est, avec la modernisation de l'agriculture, plus efficace à court terme, le levier essentiel à long terme de l'indépendance vraie de l'Afrique. [...] Sans usines, il n'y a pas de décollage possible de l'économie, pas d'accroissement rapide de la productivité de travail, pas de fourniture massive de moyens modernes de production à l'agriculture* », écrivait R. Dumont (1962).

L'industrie agroalimentaire (IAA) jouera un rôle capital dans le processus de « secondarisation » de l'agriculture africaine. Elle valorisera les produits agricoles et revitalisera l'économie locale.

Autour d'un producteur de lait (ou éleveur de vaches laitières), il y a : une laiterie industrielle qui transforme le lait (beurre, fromage, yaourt, crème fraîche, etc.), un fabricant d'aliments pour bétail, un fabricant de produits phytosanitaires, un fabricant de médicaments vétérinaires, un constructeur de bâtiments industriels, un constructeur de matériels agricoles (tracteurs et autres machines), une entreprise d'équarrissage et de transformation de cuirs, une coopérative d'achat ou de vente de produits agricoles et para-agricoles.

Cette configuration est également valable pour un producteur de poulets, de porcs, de lapins, de chèvres ou de fruits et des légumes.

Tous ces opérateurs économiques, en amont et en aval du producteur, créent des milliers d'emplois directement liés à l'agriculture.

Depuis l'introduction du vin, du Whisky, du champagne en Afrique subsaharienne par les colons, la consommation des boissons à fort degré d'alcool n'a cessé de croître dans cette région du monde. L'industrie la plus rentable en Afrique subsaharienne aujourd'hui est l'industrie brassicole. La consommation de bière au Cameroun est estimée en 2013 à près de 620 millions d'hectolitres. Lorsqu'on connaît les effets nocifs de l'alcool sur la santé publique (déclin cognitif, perte de lucidité et de dextérité, problème de reproduction, tremblote, énervement, baisse du rythme cardiaque) et l'impact négatif de la production de bière sur l'environnement (pour produire 1 litre de bière, il faut 20 litres d'eau et des volumes de maïs, d'où le gaspillage et la perte d'eau), l'on peut imaginer les

dégâts de l'alcoolisme sur la jeunesse, la population active et sur l'avenir politique et économique de ce continent.
Les industries de jus de fruits voire des jus fermentés de fruits à faible degré d'alcool devraient être encouragées par les dirigeants africains. L'Afrique regorge de multiples fruits qui ne sont jusqu'ici pas transformés. Il faudrait lourdement taxer les boissons à fort degré d'alcool et vulgariser la consommation de jus de fruit auprès des jeunes africains.
En France, l'IAA est le premier employeur industriel avec 492 000 emplois en 2013[85]. Elle transforme 70 % des produits agricoles, contribuant ainsi à la création de la richesse nationale. La Bretagne, première région agricole et agroalimentaire de France, enregistre 39 % de l'emploi salarié industriel de la région et 12 % des emplois directs[86] français de l'IAA.
Pour réduire la pauvreté et éradiquer la faim en Afrique, les dirigeants africains doivent investir dans les IAA en milieu rural et urbain. L'agriculture et l'IAA doivent être classées en tête de liste des priorités à financer pour relancer le développement économique en Afrique noire. Selon la Banque mondiale, les marchés de l'agriculture et de l'agroalimentaire en Afrique subsaharienne pourraient représenter 1000 milliards de dollars en 2030. Ce marché représente actuellement 313 milliards de dollars et l'Afrique noire a le potentiel pour exporter demain plus qu'elle n'importe aujourd'hui.

19. Financer l'agriculture et l'IAA

De par sa mission nourricière des hommes, l'agriculture assure un rôle d'utilité publique dans tous les pays et à ce

---

[85] Source : *Ouest-France* du mardi 02 décembre 2014.
[86] Source : *Ouest-France* du mardi 13 septembre 2011.

titre, est régulièrement soutenue par les pouvoirs publics. L'État est toujours intervenu dans l'agriculture, soit par les lois, soit par les aides ou l'instauration des règles et des normes. Qu'il s'agisse des pays libéraux (É.-U., par exemple) ou interventionnistes (France), l'agriculture est le secteur d'activité qui reçoit primordialement des aides financières de l'administration publique. Le niveau de soutien financier apporté à l'agriculture dans des pays émergents ne dépasse pas 10 % alors qu'il atteint 17 % aux É.-U. et près de 35% dans l'UE. Quant aux pays d'Afrique subsaharienne, les soutiens des pouvoirs publics sont extrêmement faibles. Les soutiens financiers à l'agriculture et à l'IAA peuvent porter sur : la modernisation et la réorientation des exploitations agricoles (prêts bancaires à taux zéro, subventions à l'équipement), l'exportation des denrées agricoles (subventions à l'exportation), le revenu des agriculteurs (aides directes et prix garantis), accroissement de la production et indépendance alimentaire (subvention à la production).

L'Afrique peut aussi s'appuyer sur le financement des activités agricoles par les tontines ou le modèle de Muhammad Yunus (la Grammer bank), les coopératives de microcrédits.

En accordant 10 millions FCFA à chaque agriculteur pour l'achat d'un tracteur d'occasion d'une valeur de 4 à 5 millions FCFA selon la marque, l'achat des engrais, des semences améliorées et la construction de bâtiments avec le matériel local, le gouvernement camerounais dépenserait 50 milliards de FCFA (5 millions d'agriculteurs x 10 millions de FCFA) comme aide directe pour l'amorce de la modernisation de son agriculture. Cette somme correspond à celle qu'il consacre actuellement au budget de fonctionnement de l'agriculture ; elle est largement inférieure à la somme que ce pays consacre à l'importation des denrées alimentaires (1000 milliards en 2013) et à la masse salariale qu'il réservera aux 25 000 jeunes embauchés en 2012 dans la fonction publique.

En France, un pacte a été signé en 2013 entre les régions et les ministères de l'Agriculture et de l'Agroalimentaire pour accompagner les modernisations et développements dans l'IAA. Ce pacte d'investissement productif devait mobiliser les ressources disponibles au travers des mécanismes pour soutenir un secteur qui emploie 600 000 salariés dans 13 000 entreprises, dont de très nombreuses petites et moyennes entreprises (PME).
Quelque 750 projets, d'un montant de 2,7 milliards d'euros, ont été recensés et envoyés à la banque publique d'investissement (BPI). L'Afrique peut-elle s'inspirer de ce mode de financement pour relever le défi de l'émergence de son agriculture ?
Les dispositifs de financement d'une exploitation agricole sont ceux de toutes les structures commerciales et industrielles, à savoir les emprunts bancaires et l'autofinancement. C'est en 1965 que furent créés en France les prêts à moyen terme spécifiques dans le dispositif de financement des installations. Au début des années 1970, les prêts bonifiés et la dotation aux jeunes agriculteurs (DJA) ont été mis en place. Ils constituent encore aujourd'hui des moyens incontournables de la politique d'installation en France.
La DJA est destinée à compléter la trésorerie initiale et ne peut être accordée qu'à ceux qui ont pour activité principale l'agriculture.

20. Élaborer un plan d'installation agricole

S'installer, c'est reprendre ou créer une exploitation agricole sur la durée. La politique d'installation en agriculture doit être clairement élaborée par les pouvoirs publics afin de fixer le cadre légal et normatif dans lequel toute personne envisageant de devenir agriculteur doit s'inscrire. Elle mettra ainsi en évidence les droits et devoirs de chaque partie (agriculteur et pouvoirs publics), précisera les conditions d'installation et le dispositif de financement. Nous pouvons nous inspirer du modèle français qui a été repris, avec succès, par l'UE dans les autres pays de la communauté. Compte tenu de leurs moyens limités, les pays africains ne reprendront pas intégralement les mesures mises en place en France. Ils devront se focaliser sur les préalables évoqués ci-haut et en même temps déployer d'importants moyens financiers pour financer l'installation des personnes portant un projet agricole.

Les candidats à l'installation doivent souscrire un engagement septennal (7 ans), avoir un minimum d'aptitude professionnelle (CAP ou l'équivalent plus 3 mois de stage en exploitation agricole), avoir du foncier cultivable (minimum 2 hectares), pour prétendre aux aides publics à l'installation. Ces aides permettront aux agriculteurs d'acheter des tracteurs, du matériel agricole moderne, des engrais, des semences sélectionnées, bref de moderniser leurs exploitations agricoles afin de réduire la pénibilité du travail.

Les conditions particulières, facilitant leur installation à savoir les aides financières, le crédit d'impôt, les prêts bancaires, les accès aux fonciers, doivent être accordées aux femmes et aux jeunes hommes. Un plan permettant l'installation d'une jeune femme ou d'un jeune homme

pour chaque départ à la retraite ou cessation d'activité doit être élaboré.
L'agriculteur est un chef d'entreprise qui s'engage dans une aventure de long terme et surtout dans une activité privée d'intérêt général. Il doit être formé et informé des risques du métier.

Le recrutement des 25 000 fonctionnaires par le gouvernement camerounais en 2012 aurait été plus intéressant et bénéfique pour l'emploi et les recettes fiscales de l'État si celui-ci affectait la moitié du budget annuel destiné à la rémunération de ces agents administratifs à l'installation annuelle de 5 000 jeunes dans l'agriculture ou l'élevage sur cinq ans, renouvelables au besoin. L'agriculture est un véritable gisement d'emploi, encore inexploité en Afrique. En France, un agriculteur crée environ 7 emplois directs et des dizaines d'emplois indirects. Compte tenu de la disponibilité d'une main-d'œuvre nombreuse et jeune, l'agriculture devrait créer plus d'emplois en Afrique qu'ailleurs.
Considérant qu'un agriculteur français crée environ sept emplois directs, on peut émettre des hypothèses en matière de création d'emplois dans l'éventualité d'une « secondarisation » raisonnée de l'agriculture en Afrique tropicale. En prenant l'exemple du Cameroun qui compte environ 5 millions d'agriculteurs, on peut imaginer des scénarii suivants :
- *hypothèse basse*, c'est-à-dire qu'un agriculteur crée deux emplois, l'agriculture industrielle raisonnée pourra créer 10 millions d'emplois directs au Cameroun, soit près de la moitié de sa population totale ;
- *hypothèse haute*, c'est-à-dire qu'un agriculteur crée quatre emplois, l'agriculture moderne créera 20 millions d'emplois directs au Cameroun.

Que ce soit dans l'une ou l'autre des hypothèses, la « secondarisation » de l'agriculture en Afrique noire peut entraîner le plein-emploi, c'est-à-dire l'absorption de toute la main-d'œuvre des pays ; ce qui réduira indéniablement la misère et la pauvreté.

21. Défonctionnariser des administrations publiques agricoles

Depuis les années 1960, la grande majorité des ingénieurs agronomes et agricoles formés en Afrique sont recrutés dans la fonction publique (ministères, principalement) où ils exercent essentiellement des tâches administratives. Il suffit de parcourir les couloirs des ministères de l'Élevage et de l'Agriculture de nombreux pays africains pour observer la présence pléthorique des ingénieurs agronomes dans des bureaux étroits. Une partie de ces ingénieurs « hors-sol » n'ont rien à faire dans ces bureaux et seraient utiles sur le terrain (encadrement technique des agriculteurs) ou dans des entreprises privées du secteur agricole. René Dumont avait déjà souligné cette culture fonctionnariste des ingénieurs africains et de dénigrement du travail manuel en Afrique dans son ouvrage (1962) intitulé, ***L'Afrique noire est mal partie.***
Nous pensons qu'il faut « défonctionnariser » le monde agricole en Afrique et promouvoir les formations techniques et le travail manuel chez les jeunes.

22. Réformer les vacances scolaires

Historiquement, la période des vacances scolaires d'été (juin, juillet, août) fut fixée dans la plupart des pays occidentaux en tenant compte du calendrier des récoltes

céréalières (blé, orge, colza, etc.) ; ce qui devait permettre une participation massive des membres de la famille (enfants scolarisés) et des travailleurs saisonniers, aux battages et à la moisson. Cette période estivale, favorable aux vacances et récoltes céréalières en Occident, est-elle adaptée aux situations agraires, climatiques, économiques ou scolaires des pays colonisés d'Afrique subsaharienne ? Il nous semble qu'il est urgent, pour les pays africains au sud du Sahara, de revoir le calendrier des vacances scolaires en fonction de celui des productions agricoles (fer de lance de leur développement économique). Il faudrait tenir compte des intérêts économiques pour fixer les périodes de vacances scolaires.
Les vacances scolaires et universitaires doivent être adaptées aux saisons des récoltes de céréales, fruits et légumineuses afin de permettre aux élèves et étudiants, aux fils d'agriculteurs ou non, de participer en masse à la cueillette ou à la récolte (ou aider leurs parents). La bataille de la compétitivité s'étant mondialisée, l'apport de cette main-d'œuvre familiale et salariale constitue un atout indéniable pour minimiser les coûts de production et améliorer la compétitivité des produits agricoles africains sur les marchés étrangers. Les champs de café et cacao ont prospéré dans les années 1960 et 1970 grâce aux apports des enfants issus des familles polygames rurales et des travailleurs saisonniers venus d'autres régions du pays.

23. Organiser des stages et des visites d'exploitations agricoles industrielles étrangères

En Occident, des échanges d'expériences ont cours, au niveau agricole, entre différents pays. Des éleveurs français visitent des exploitations américaines,

canadiennes, allemandes ou danoises et inversement pour apprendre des autres, s'inspirer des réussites des autres afin de continuer à avancer.
En France, des élèves et étudiants, en formation agricole, effectuent souvent leurs stages de fin d'études ou de formation dans des exploitations agricoles à l'étranger ou hors de leur région d'origine. Ce qui leur permet de découvrir d'autres méthodes ou approches de travail utiles pour leurs connaissances et expériences professionnelles.
Pour acquérir du savoir-faire et des techniques de production agricole, des producteurs africains doivent effectuer des stages et visites de fermes agricoles dans des pays occidentaux et émergents. Des expériences vécues et observations faites sur le terrain doivent être transposées en Afrique dans l'optique d'améliorer les rendements agricoles et les conditions de travail.
Autant les médecins africains se sont formés et se forment encore à la médecine moderne occidentale (en Afrique) pour lutter contre les maladies et limiter les mortalités, autant les agriculteurs et techniciens de l'agriculture devront se former en Afrique ou en Occident aux techniques modernes de production pour lutter contre la faim et la misère.

Le dénigrement du travail manuel en Afrique

Pour « coller aux masses », et surtout aux paysans, relisez d'abord Franz Fanon, puis les ***clés pour la Chine,*** de Claude Roy. Ce dernier vous montrera comment un jeune Chinois, docteur en droit de Paris, envoyé par le parti pour diriger la réforme agraire dans un coin perdu de la Chine, commença par vivre deux mois chez le paysan le plus pauvre du village : travaillant comme lui, mangeant à sa table, logeant dans son unique pièce, à côté du seau à vidange... Si les étudiants africains voulaient vraiment se préparer à leur rôle de dirigeants socialistes, ils auraient avantage à travailler un été de leurs mains dans une ferme française, une usine allemande, une Granja cubaine, un Kibboutz israélien, un Kholkhoze soviétique ou une commune chinoise. Ainsi, de retour en Afrique, ils rapporteraient déjà, à leurs frères restés paysans, des outils simples susceptibles d'améliorer vite leur productivité et leur sort. [...]

Ainsi, le coupe-coupe à peu près, le seul outil utilisé dans les campagnes sud-américaines (machettes) et africaines pour la défriche, l'abattage et le débitage des arbres, a un rendement inférieur au quart de celui du combiné hachette - hache-scie-serpe-goyard. Si les étudiants africains s'étaient vraiment souciés d'améliorer le sort de leurs compatriotes paysans, et s'ils avaient travaillé de leurs mains, il y a longtemps qu'ils auraient pu faire de telles remarques, et proposer nombre d'améliorations analogues. [...] Pour y arriver, il leur faudra cesser, eux aussi, de mépriser le travail manuel.

Les seuls invités en Israël, tous frais payés pour deux mois, qui refusèrent de travailler une semaine au Kibboutz, furent de jeunes africains. L'école de Katibougou ayant fondé une mutuelle de production, cultivée par les élèves et à leur profit, ceux-ci engagèrent des salariés pour faire le travail, etc.

Extrait de ***l'Afrique noire est mal partie*** de R. Dumont (1973), P.214

Quelques préalables à la « secondarisation » agricole

Avant la mise en œuvre de ces mesures, les préalables suivants sont indispensables :

La fixation d'un cadre législatif

La « secondarisation » de l'agriculture passe par une bonne législation élaborée et arrêtée par les gouvernants et les élus du peuple.

Dans les pays industrialisés, la modernisation de l'agriculture s'est accompagnée d'une série de lois qui l'encadrent et la protègent. En France, par exemple, les lois d'orientation agricole permettant d'élaborer une politique agricole générale pour une agriculture moderne et performante ont été mises en place en 1960 et 1962. Ce sont ces lois qui ont facilité la modernisation et l'industrialisation de l'agriculture française (début de la mécanisation, motorisation, introduction de la chimie).

En 1967, la loi d'orientation foncière définit de nouvelles règles pour l'urbanisme avec les plans d'occupation des sols (POS).

En 1970, un décret instaure les plans d'aménagement ruraux (PAR) et codifie les études et procédures conduites par le ministère de l'Agriculture. Près de 250 PAR seront établis en accord avec les élus, les chefs d'entreprise et les représentants associatifs entre 1970 et 1983.

Stéphane Le Foll, ministre de l'Agriculture (2012-2015) a porté un projet de loi d'avenir agricole qui consistait à concilier économie et écologie en agriculture. Ce projet devrait impulser l'agroécologie (réduction de l'utilisation des intrants chimiques).

L'agriculture américaine à travers le Farm Bill en 1933 s'est modernisée en s'appuyant sur de nombreuses lois telles que : l'AAA (Agricultural Adjustment Act). Les É.-U. élaborent tous les cinq ans une loi-cadre traditionnellement intitulée « *Farm Bill* » lorsqu'elle se présente sous forme d'un projet, puis « *Fair Act* » lorsque ce projet de loi-cadre est définitivement adopté par le Congrès. C'est un élément essentiel de la législation américaine, puisque cette loi-cadre fixe sur quatre à six ans les grandes orientations en matière d'agriculture et d'alimentation. Ainsi, la loi-cadre 2008-2012, élaborée par le président G.W. Bush, préconisait une réduction substantielle des aides directes découplées et de celles versées au titre des risques afin de se conformer aux exigences de l'OMC.

Au niveau européen, de nombreuses lois et directives ont été mises en place dans le cadre de la modernisation agricole des pays de l'UE : lois sur les ICPE[87], Directives Nitrates, etc.

La résolution du problème foncier

Le problème foncier en Afrique subsaharienne est une entrave, non seulement au financement des agriculteurs, mais également au développement de l'agriculture intensive.

En Afrique noire et plus particulièrement chez les peuples bantous, la terre appartient à la famille. Cette appartenance familiale complexifie la cession des terrains et surtout l'aménagement du territoire. Comment accorder des prêts bancaires ou des aides financières aux producteurs qui n'ont pas de terres ? Comment améliorer les rendements agricoles sur des surfaces limitées ?

Le développement de l'agriculture ou des productions agricoles en Afrique est aujourd'hui freiné par la difficulté des paysans à accéder aux terres cultivables. Le

---

[87] ICPE : Installation classée pour Protection de l'Environnement.

phénomène de spéculation foncière dans des zones périurbaines par des cadres supérieurs du secteur privé et public, des professionnels des activités libérales et des fonctionnaires des grandes métropoles, voire des membres de la diaspora, pose également un problème d'accès et d'aménagement du territoire indispensable à l'amorce du développement agricole. Ces terres cultivables sont inexploitées à dessein. Leurs propriétaires attendent la montée des prix de terres, peu importe le temps, pour réaliser de grosses plus-values sur leurs ventes.

Le landgrabbing prive de plus en plus de petits exploitants des terres agricoles. Or, l'expérience a montré que les petites exploitations ou exploitations familiales contribuent le plus au développement local et à la réduction de la pauvreté. Afin d'éviter ces spéculations nocives, ces surenchères et ce phénomène de landgrabbing, les pouvoirs publics doivent lier l'accès au foncier à l'obligation d'exercer une activité agricole en zone rurale ou semi-urbaine. Ils doivent aussi mettre en place un organisme public dans des zones de production, à but non lucratif, placé sous le contrôle des ministères de l'Agriculture et du Développement rural et de l'Aménagement territorial. Cet organisme aura principalement pour mission de faciliter, de façon transparente, l'accès des terres aux agriculteurs, d'accompagner les administrations locales dans leurs politiques de protection des terres agricoles, de régulation foncière, d'aménagement des paysages et de protection des ressources naturelles. Il devra réorganiser les exploitations agricoles dans le cadre de la « secondarisation », estimer la juste valeur des terres agricoles pour éviter les surenchères et lutter contre la spéculation foncière par des capitalistes nationaux et le landgrabbing par des étrangers. Leurs actions doivent relever des tribunaux judiciaires.

En plus des POS et des PAR, des plans d'utilisation du sol (PUS) doivent être mis en place avec un cahier des charges extrêmement rigoureux pour des terres agricoles.

La construction et le bitumage des routes en milieu rural, semi-urbain et urbain

L'Afrique subsaharienne manque cruellement de routes goudronnées, indispensables dans le processus de distribution de ses denrées alimentaires et surtout dans le développement de son économie. Seulement 18 % des routes y sont goudronnées contre 33 % en Amérique latine et 59 % en Asie du Sud. La construction des routes en Afrique noire n'a pas beaucoup évolué depuis les années 1960. Le réseau routier existant est majoritairement impraticable, particulièrement en saison des pluies. Les grands axes routiers encore en bon état sont ceux hérités de la période coloniale. Des routes bitumées, après les indépendances en 1960, ne répondent pas globalement aux normes internationales. De nombreux pays n'ont pas d'autoroute. Or, ils disposent des bitumes naturels, du goudron (végétal ou de bois) et des asphaltes, essentiels pour le bitumage des routes et des autoroutes.

Les campagnes sont des parents pauvres en matière d'infrastructures de transport. Dans une perspective de « secondarisation » ou de modernisation agricole, la construction des infrastructures de transport (routes, autoroutes, chemin de fer, aéroport, port, etc.) au niveau national ou reliant des pays frontaliers apparaît comme une nécessité.

Les routes bitumées reliant les milieux ruraux et urbains ainsi que des routes reliant les campagnes permettront de désenclaver des bassins de production, d'éviter des pertes et gaspillages des produits agricoles par la facilitation de leur distribution. En Afrique subsaharienne, les pertes et gaspillages des denrées alimentaires se réalisent généralement à la production, après la récolte et le stockage, à la transformation et à la distribution. Elles permettront de rapprocher les usines des champs.

Pertes et gaspillage alimentaire en Afrique subsaharienne

	Production agricole	**Opérations après récolte et stockage**	**Transformation et conditionnement**	**Distribution : supermarchés et vente au détail**	**Consommation**
Céréales	6%	8%	3,5%	2%	1%
Racines et tubercules	14%	18%	15%	5%	2%
Oléagineux et protéagineux	12%	8%	8%	2%	1%
Fruits et légumes	10%	9%	25%	17%	5%
Viande	15%	0,7%	5%	7%	2%
Poissons et fruits de mer	5,7%	6%	9%	15%	2%
Lait	6%	11%	0,1%	10%	0,1%

Source : FAO, 2012

Un programme de bitumage des routes modernes en milieu rural, de construction des autoroutes et de nouvelles routes reliant campagnes et villes, reliant différentes régions entre-elles ainsi que des pays frontaliers, facilitera l'écoulement des produits agricoles (en circuit court ou long), réduira, par conséquent, des pertes et gaspillages des récoltes et dynamisera toute l'économie nationale. Les routes, les tracteurs et autres infrastructures ainsi que l'électricité sont des facteurs clés de la réussite de l'agriculture et de l'IAA.

L'électrification des zones rurales

En Afrique, comme partout ailleurs, l'électricité est à la base de tout : de l'éducation, de la santé, du transport, de la communication, de l'industrie, du commerce, de

l'agriculture, de l'élevage, bref de la croissance. 33 % des Africains au sud du Sahara (principalement en ville) ont accès à l'électricité contre 62 % en Asie du Sud et 93 % en Amérique latine.
L'électrification des zones rurales constitue une nécessité et une priorité dans la « secondarisation » de l'agriculture en Afrique subsaharienne. Elle facilitera l'installation des établissements scolaires, des centres de santé, des usines de fabrication des engrais chimiques, de transformation, de stockage et de conservation de produits agricoles en campagne. Les fournisseurs d'équipements et matériels agricoles pourront également s'installer près de leurs clients-agriculteurs. L'agriculture, et plus particulièrement l'élevage, est un secteur d'activité énergivore. Il a besoin de l'énergie pour le transport des animaux et des matières premières, le chauffage des bâtiments d'élevage et des serres, la fabrication des aliments, l'entretien d'équipements agricoles, la culture et la récolte des céréales.
L'apport d'énergie électrique permettra de mieux conserver les produits agricoles dans des entrepôts et chambres froides, de réduire le taux de perte à la récolte et surtout de contribuer à la dynamisation de l'activité agricole : amélioration des conditions de travail et des conditions de vie des agriculteurs.

La « secondarisation » permettra à l'agriculture et à l'élevage de produire de l'énergie renouvelable qu'ils utiliseront sur leur propre exploitation ou qui leur procurera un revenu complémentaire dû à la vente aux entreprises spécialisées. Les ressources naturelles (RN) permanentes comme le soleil, l'eau, le vent, sont présentes et gratuites toute l'année en Afrique. Ce continent, « béni des dieux », peut se servir de ces RN pour assurer sa transition énergétique, nécessaire à la modernisation de

l'agriculture et à la dynamisation de ses zones rurales. L'important volume de déchets issus des élevages industriels raisonnés servira également à la production du méthane (biogaz) sur l'exploitation.
Des pays africains ont, aujourd'hui, des moyens humains, financiers et techniques pour installer des panneaux photovoltaïques, des éoliens en milieux urbain et rural. L'accès à l'électricité pour tous en Afrique n'est pas une affaire d'argent, mais une question de volonté politique à l'échelle nationale et internationale. Comment comprendre qu'en RCA, seulement 3 % de la population ait accès à l'électricité alors que le pays dispose des barrages hydrauliques et du soleil en permanence lui permettant de produire de l'électricité accessible à tous ? Comment admettre que seuls 4 à 5 % des Nigériens aient accès à l'électricité alors que le Niger peut produire de l'électricité nucléaire avec sa principale ressource, l'uranium et de l'électricité solaire avec la présence quotidienne du soleil ? Le Niger est le principal fournisseur de la France en uranium. L'hexagone produit de l'énergie nucléaire qui permet de fournir de l'électricité à tous les Français à un prix extrêmement bas (parmi les plus bas de l'Europe). Les sources d'énergies renouvelables sont totalement gratuites et insuffisamment exploitées dans le monde.
En France, les panneaux solaires sont installés sur des toitures des bâtiments d'élevage ou habitations privées des agriculteurs, et l'électricité produite est vendue par l'agriculteur à l'entreprise nationale EDF (Électricité de France). De nombreuses villes américaines éclairent aujourd'hui leurs rues grâce aux énergies solaires produites par les panneaux solaires.
De nombreux élevages industriels de vaches laitières et de porcs utilisent les déjections animales pour produire du méthane ou du biogaz, généralement vendu aux entreprises gazières ou en partie consommé sur

l'exploitation. Ce qui permet aux agriculteurs de valoriser leurs déchets et de dégager des revenus complémentaires à leur activité principale.
Des éoliennes, produisant de l'électricité, sont montées dans des champs agricoles dont le propriétaire - agriculteur, actif ou retraité - reçoit une rémunération annuelle ou mensuelle correspondant au loyer de son champ.
Des éoliennes flottantes[88] et des éoliennes submersibles, permettant d'obtenir de l'électricité, sont installées en mers. Les mers sont aussi une source gratuite de production d'électricité. On peut également y obtenir de l'énergie hydrolienne et de l'énergie thermique des mers[89].

---

[88] L'éolienne flottant est une éolienne qui flotte dans des zones profondes et éloignées des côtes.
[89] L'énergie thermique des mers (ETM) utilise les différences de températures entre les eaux de surface et les eaux des profondeurs pour produire de l'électricité.

Conclusion

L'agriculture est l'une des activités économiques qui a besoin d'une main-d'œuvre abondante pour cultiver la terre, semer les graines, récolter, transporter et transformer. Pour produire en masse et à moindre coût l'Europe de l'Ouest, comme l'Amérique et des pays émergents se sont appuyés sur une main-d'œuvre locale nombreuse et des travailleurs étrangers à bas coûts. La bataille commerciale reposant aujourd'hui essentiellement sur la compétitivité des produits, chaque pays producteur cherche à réduire au maximum le coût de revient de ses produits. L'extraction et la transformation des produits agricoles en Afrique subsaharienne doivent s'appuyer sur une main-d'œuvre nombreuse et peu coûteuse. La démographie constitue, dans ce cas, une arme économique pour les faibles. Elle attire des investisseurs étrangers qui cherchent à minimiser leurs coûts et à maximiser leurs profits. La Chine en est l'exemple patent aujourd'hui. Grâce à sa main-d'œuvre nombreuse, laborieuse, bien formée et moins coûteuse, la Chine est devenue « l'usine du monde ». Demain, l'heure de l'Afrique sonnera et l'on achètera dans le monde des produits « Made in Africa ».

L'émergence de l'Afrique subsaharienne en 2035 devra impérativement faire valoir son dynamisme démographique qui est un atout indéniable dans la recherche d'une meilleure compétitivité.

La montée en puissance des économies du BRICS (Brésil, Russie, Inde, Chine et Afrique du Sud) sur le plan international et les accaparements par ceux-ci, de grandes parts de marché à l'exportation, sont dus aux choix stratégiques[90] impulsés par les États, mais également à

[90] En quelques années, le Brésil a réussi à se hisser au premier rang des pays exportateurs de volailles (poulets, en l'occurrence), devant

leur bonus démographique qui constitue une main-d'œuvre bon marché. Les parts de marché des É.-U. et de l'UE s'effritent progressivement sur leurs marchés traditionnels du fait de la concurrence du BRICS.

L'Allemagne recrute des travailleurs roumains, polonais et bulgares pour ses chaînes d'abattage de porcs, dont les rémunérations sont inférieures à celles des Allemands.
L'Espagne embauche des travailleurs maghrébins et latino-américains pour des travaux champêtres (cueillette de fruits, etc.), payés à des tarifs inférieurs au salaire minimum du pays.
L'Italie enrôle des immigrés africains (payés au lance-pierre) dans ses champs d'oliviers et de tomate.
La Suède, à travers des réseaux locaux, embauche, à très bas prix, des Africains pour reboiser, en hiver, des champs déboisés.
Les É.-U. recrutent des Mexicains et des Latino-américains dans de grands ateliers industriels de production de lait pour la traite des vaches.
Le Brésil embauche des Haïtiens, moins coûteux, dans ses chaînes d'abattage de volailles et des champs de canne à sucre.
Des départements d'outre-mer français, principalement la Guadeloupe et la Martinique, embauchent des Haïtiens pour effectuer des tâches de coupes que les jeunes antillais refusent de faire dans des champs de banane et de canne à sucre.

---

les É.-U. et l'Europe grâce aux stratégies suivantes : la banque de développement brésilienne est sous contrôle de l'État, les filières stratégiques (éthanol, jus d'orange, volailles) sont soutenues, les subventions sont versées aux agriculteurs, leurs dettes annulées et des crédits sont bonifiés à l'exportation. La monnaie brésilienne (Réal) est aussi dévaluée à leur faveur.

Si les Africains limitaient les naissances comme l'exigent les néo-malthusiens, ils mettraient en péril leurs chances de développement économique. Le vieillissement de la population est l'un des facteurs limitants du développement économique des nations ; c'est une pathologie susceptible d'abimer la santé économique de tout pays qui se lance dans le contrôle, la baisse ou l'arrêt des naissances. C'est le cas aujourd'hui de l'Allemagne, du Japon et bientôt de la Chine où la pyramide des âges est totalement déséquilibrée. Ce dernier pays en a tiré des leçons et est revenu sur sa politique de l'enfant unique. Aujourd'hui, tout Chinois peut avoir plus d'un enfant sans faire l'objet d'une poursuite judiciaire comme ce fut autrefois le cas.
En Russie, une prime et des cadeaux (véhicule neuf) sont accordés aux parents qui donnent naissance à un enfant le jour de la fête nationale. Ces enfants sont appelés, « *les enfants patriotes* ». Cette politique vise à accroître la population russe.
Face à la forte perte de population (plus de 275 000 habitants en 2013), au vieillissement et au futur problème de paiement des retraites, le Japon a mis en place un programme de fabrication à grande échelle de robots (humanoïdes, androïdes) qui se substitueraient aux personnes pour effectuer le travail que ces derniers feraient.
Alors que le Japon et certains pays d'Europe et d'Amérique du Nord verront leur population décroître, l'Afrique subsaharienne enregistrera une poussée fulgurante de sa population. Bien que le problème d'employabilité des jeunes se pose aujourd'hui en Afrique, l'explosion de sa démographie est une réelle chance dans le contexte concurrentiel actuel où des pays riches amorcent une phase de décroissance.

La démographie actuelle est une chance pour l'Afrique

Les prévisions démographiques de l'Afrique à l'horizon 2030 et 2050 imposent au continent un accroissement quantitatif et qualitatif de ses ressources alimentaires. Or, pour le réaliser, le continent doit industrialiser ses moyens de production et de transformation des produits agricoles, bref « secondariser » son agriculture, c'est-à-dire la rapprocher du secteur secondaire, la moderniser, l'extraire du secteur primaire pour l'accrocher à l'industrie.

Toutes les projections des institutions internationales montrent une croissance continue de la population africaine au sud du Sahara en 2050. Cette population augmentera de 113 % et un pays comme le Nigéria aura une population d'environ 266 millions d'habitants, l'Éthiopie 150 millions d'habitants, le Soudan 60 millions d'habitants, pour ne citer que ceux-là. Ce qui représente un important marché et constitue un atout considérable pour la compétitivité des produits africains.

L'Afrique a besoin d'une population nombreuse, non seulement pour peser sur le plan économique, mais aussi pour protéger ses frontières. L'on a vu des puissances occidentales déployer des militaires par milliers dans des pays africains en guerre (RCA en l'occurrence) pour cause de sous-équipement, d'inexpérience et d'insuffisance de troupes africaines. Or, si les populations africaines actuelles se multipliaient par deux ou trois, le continent ne manquerait pas des hommes et femmes formés qui s'engageraient dans la protection et la sécurisation de leurs territoires et frontières.
Au regard de grands espaces dont elle dispose, l'Afrique subsaharienne est sous-peuplée. Des pays comme la RDC, le Mali, le Tchad, pour ne citer que ceux-là, ont leur

superficie deux à cinq fois supérieure à celle de la France (même si une partie est constituée de désert), mais leurs démographies sont deux à quatre fois inférieures à celle de l'hexagone. Ces pays ont des ressources naturelles pouvant leur permettre de subvenir suffisamment aux besoins d'une population plus nombreuse que celle disponible aujourd'hui. Des capitaux colossaux qui sortent annuellement de ces pays en sont une des preuves des moyens qu'ils disposent.
« *La croissance démographique n'est pas à l'origine de la faim ou de la misère, mais plutôt l'inverse* », écrivait Josué de Castro. Lorsque les conditions techniques, économiques et sociales de développement de l'agriculture étaient réunies, la pression démographique a au contraire stimulé la croissance de la production agricole. Au cours de la seconde moitié du XXe siècle, malgré une explosion démographique mondiale sans précédent, la production agricole et alimentaire a même augmenté plus vite que la population (M. Mazoyer 2006). On mange mieux aujourd'hui en France, qui compte 65 millions d'habitants, qu'il y a 30 ou 50 ans lorsqu'elle comptait 40 ou 50 millions d'habitants. Il en est de même pour la Chine d'aujourd'hui, avec 1,3 milliard d'habitants, par rapport à celle d'hier avec 300 millions d'habitants.

Depuis 2012, la Chine a remis en cause sa politique nataliste de l'enfant unique de la fin des années 1970. Cette politique a montré aujourd'hui des limites avec le vieillissement de la population et des difficultés pour les cotisations de retraite, le déséquilibre de la pyramide des âges. Le déséquilibre entre le nombre de filles et de garçons, provenant de la préférence des familles pour les garçons, montre de plus en plus les difficultés que ces derniers éprouvent à avoir une femme. Chaque Chinois a la possibilité aujourd'hui de faire plus d'un enfant.

Désormais, un couple d'enfants uniques a le droit d'avoir deux enfants. Les couples divorcés de la ville de Shanghai ont l'autorisation de leur municipalité d'avoir un deuxième enfant. Des personnes fortunées acceptent de payer des amendes pour avoir deux ou trois enfants. La Chine est non seulement une puissance économique, mais également une puissance démographique qui représente actuellement « l'usine du monde » grâce au faible coût de sa main-d'œuvre. Cette main-d'œuvre, dont elle avait besoin, a hautement contribué à son développement.

Face au vieillissement important de sa population, à une très faible natalité et un manque de main-d'œuvre, le Japon investit massivement dans la fabrication de robots capables de se substituer aux hommes dans les différents travaux de la vie quotidienne.

Le planning familial, imposé aux Africains depuis plusieurs décennies, est une affreuse stratégie destinée à bloquer l'avancée du continent, ne serait-ce que sur le plan démographique. C'est une vaste escroquerie intellectuelle et sans doute une peur de l'Occident de voir arriver sur ses terres de grandes vagues migratoires africaines. Chaque fois que les chiffres de la croissance démographique mondiale ont été publiés, ceux concernant l'Afrique subsaharienne ont aussitôt suscité de vives inquiétudes et des débats houleux en Occident. Qui a peur de la démographie africaine en croissance continue ? Sans aucun doute les partisans de l'extrême droite européenne. Récemment, l'auteur Jean Boissonnat[91] a estimé que l'explosion démographique africaine engendrera d'innombrables problèmes économiques, sociaux, culturels, politiques pour l'Europe, car la proximité géographique de ces deux continents amènera les Africains à émigrer vers l'Europe.

---

[91] *Ouest-France* du mercredi 07 janvier 2015.

La majorité des pays occidentaux (É.-U., Allemagne, France, Canada, Japon et bien d'autres) ont mis en place des politiques d'immigration sélectives pour résoudre le problème de vieillissement de leur population et sauvegarder leur système de retraite qui a absolument besoin d'actifs.

En Europe, la politique familiale soutient encore les naissances. Celles-ci sont encouragées par l'octroi des primes ou allocations aux familles ayant eu des enfants, des congés de maternité ou de paternité aux futurs parents, la création des crèches et centres de loisirs pour l'accueil de très jeunes enfants, l'instauration des avantages fiscaux (exemple, le quotient familial en France). Paul Bairoch précisait en 1971, au sujet de la natalité dans les pays occidentaux, que ces derniers n'ont pas freiné leur natalité même dans leur phase de démarrage au XIXe siècle. Leur taux de croissance démographique a très peu varié. Il est resté entre 0,6 et 0,8 %.
La natalité n'a jamais été bloquée par une loi ou un décret, dans aucun pays européen. D'ici 2030, la population française rattrapera celle de l'Allemagne (en net recul), avec 70 millions d'habitants. L'objectif de 100 millions d'habitants avait été évoqué en France à un moment donné. D'où vient l'idée de planifier les naissances en Afrique subsaharienne ? N'est-il pas absurde de demander aux femmes en RDC de limiter des naissances à 1 ou 2 enfants dans un pays disposant suffisamment de terres cultivables, de ressources naturelles (eau, mines, forêts, etc.) et sous-peuplées ? La situation actuelle de la RDC nous amène à constater qu'un pays qui est sous-peuplé est un pays qui n'est pas en sécurité ; c'est un pays qui est exposé aux risques d'invasions extérieures (par les migrants, puissances étrangères, terroristes), d'extermination de sa population par les pandémies (Sida,

Ebola), brigands étrangers et aux risques d'accaparement des terres arables (landgrabbing).
Dans l'attente des « *punitions divines* » (famines, catastrophes naturelles, guerres, sécheresse) qui extermineront une partie des pauvres, l'Afrique a le temps d'accroître exponentiellement sa population.
Comme nous l'avons indiqué plus haut, les champs de café et de cacao ont prospéré dans les années 1960 et 1970, en partie, grâce à la main-d'œuvre rurale abondante issue des familles nombreuses. Pour pérenniser une agriculture hautement productive, compétitive et dynamiser l'économie rurale, des mesures de soutien et d'encouragement de la natalité doivent être mises en place.
Selon M. Yunus (2007), « *Tout être humain est un trésor inexploité possédant un potentiel illimité. Tout nouveau-né devient un consommateur qui grève les ressources mondiales, mais peut contribuer à augmenter le bien-être commun en exerçant ses capacités* ».

Agriculture industrielle comme outil de progrès

L'Afrique subsaharienne doit, au préalable, « secondariser » ou industrialiser son agriculture pour favoriser la structuration de cette agriculture et acquérir son indépendance alimentaire. Cette industrialisation permettra également de générer plus d'emplois, de créer plus de valeurs ajoutées, d'améliorer les conditions de vie des populations. Elle aura aussi des effets positifs sur d'autres pôles d'activités.
- **Sur le plan écologique**, l'agriculture industrielle ou de seconde génération qui englobera l'agriculture raisonnée, l'agriculture écologiquement intensive, permettra de préserver l'environnement ou les ressources

environnementales en évitant les gaspillages de ressources naturelles et en réduisant la consommation des produits chimiques et phytosanitaires. Les dégradations de forêts pour l'agrocarburant seront maîtrisées.
La « secondarisation » de l'agriculture en Afrique subsaharienne s'inscrit dans le cadre des principes de précaution et de prévention. Il s'agit de réduire la pauvreté, d'éradiquer la faim[92] et ses conséquences comme le prévoit l'OMD.
Pour protéger l'environnement, l'État dégagera de nouvelles recettes fiscales (taxes écologiques et écoparticipation) sur des pesticides, des engrais et tous produits susceptibles d'engendrer des déchets polluants.
- **Sur le plan social**, l'agriculture et l'élevage représentent un important gisement d'emplois aux niveaux local, régional et national. La « secondarisation » entraînera la création de nouveaux emplois pour les populations rurales ; ce qui aura pour conséquences d'améliorer les conditions de travail, le niveau de vie des populations et surtout de réduire considérablement la pauvreté en milieu rural.
- **Au niveau économique**, on assistera à une dynamisation de l'économie rurale, une amélioration du revenu et niveau de vie des agriculteurs. La part du secteur agricole dans le PIB augmentera conséquemment.
La « secondarisation » entraînera une augmentation de la part des produits agricoles commercialisés, une augmentation de la part des achats de consommations intermédiaires aux entreprises industrielles en amont et une augmentation des prêts.
L'agriculture industrielle redynamise les campagnes, fixe les jeunes en milieu rural.

[92] Sur 128 pays suivis par la FAO, seuls, 62 ont atteint la cible de la faim de l'OMD [José Graziano da Silva, 2013].

- **Sur le plan territorial,** les agriculteurs entretiendront le paysage et revitaliseront les territoires.
Même si la « secondarisation » ne sera pas sans conséquence sur l'environnement (pollution des eaux et nappes souterraines, épuisement des sols, pollution de l'air et du paysage), elle aura un triple avantage : démanteler l'amateurisme, éradiquer la faim et réduire la pauvreté, apporter de nouvelles recettes fiscales (fiscalités écologiques, impôts sur les revenus et sur les bénéfices) à l'État.

L'un des facteurs de retard qui mine l'agriculture en Afrique subsaharienne est l'absence ou le vide paradigmatique et idéologique. L'agriculture industrielle est le modèle qui a permis à l'UE, aux É.-U., au Japon et à de nombreux pays, dans une approche capitalistique et libérale, de juguler la faim sur leur territoire. Pourquoi l'Afrique subsaharienne ne souscrit-elle pas à ce modèle ? Pourquoi refuse-t-elle de consommer un médicament qui a montré ses preuves et son efficacité en guérissant les malades qui l'ont absorbé ?
« *La médecine des XIXe et XXe siècles a été introduite, souvent de force, dans des sociétés traditionnelles, voire primitives, entraînant des chutes très brutales et très rapides de la mortalité à un moment où la structure des mentalités ne permettait pas encore de susciter un mouvement sensible de baisse volontaire de la natalité* », écrivait R. Dumont en 1973. Pourquoi ne pas procéder de la même manière pour l'agriculture en Afrique en y imposant l'agriculture industrielle afin de réduire les déficits alimentaires, lutter contre la faim, la malnutrition, la sous-alimentation et la pauvreté (considérée par Indira Gandhi comme la plus grave pollution sur la planète) ?

Certains acteurs de la société civile, en l'occurrence l'ACDIC[93] au Cameroun et son président Bernard Njongang, s'opposent à l'introduction de l'agriculture industrielle en Afrique. Ils s'inscrivent dans la vision ''Bovéïste'' de l'agriculture, qui lutte contre le modèle agricole industriel et prône l'agriculture paysanne ou biologique. Or, ces modèles agricoles alternatifs sont encore minoritaires en Occident et y constituent des niches, accessibles à une clientèle fortunée et bien informée en matière de diététique.
Plus de 60 % du budget agricole en Europe est encore réservé à l'agriculture chimique, en dépit de la publicité quotidienne faite à l'agriculture biologique. Aux É.-U., Japon, Brésil, Chine, Afrique du Sud, Russie et dans l'UE, l'agriculture industrielle est encore, largement dominante.
José Bové (défenseur de l'agriculture paysanne)[94] et René Dumont (défenseur de l'agriculture biologique) sont des transfuges de l'agriculture industrielle. Monsieur Bové, le père de José, et R. Dumont (fils de paysan) furent de brillants scientifiques et intellectuels qui jouèrent un rôle prépondérant dans l'importation du modèle agricole industriel en France dans les années 1960. Après leur séjour aux É.-U., ces scientifiques ont proposé leurs expériences américaines et expertises aux dirigeants de leurs pays qui les ont adoptées. Cependant, le succès rapide de ce modèle américain mettra également en évidence ses diverses défaillances que J. Bové (agriculteur et syndicaliste) et R. Dumont combattront plus tard sous la bannière écologiste.

[93] Association Citoyenne de Défense des Intérêts collectifs.

[94] José Bové est actuellement Député européen du parti Europe Écologie les Verts (EELV). Il a été longtemps membre influent de la Confédération paysanne, syndicat agricole minoritaire en France, qui s'insurge contre l'agriculture industrielle ou conventionnelle.

Certes, le modèle agricole industriel a montré ses limites au niveau environnemental, social, sanitaire et économique, mais il a été un bouclier efficace contre la faim en Occident. Nous considérons qu'il est un instrument de progrès, car tous les pays qui l'ont adopté ont résolu le problème de la faim sur leur territoire. Il a permis à l'Occident et aux pays émergents d'acquérir leur indépendance alimentaire et surtout d'améliorer les conditions de vie des agriculteurs et des populations. Il a aussi subi des améliorations qui lui permettent d'être compatible avec la protection de l'environnement. On parle, désormais, d'agriculture durable et de ses variantes : l'agriculture écologiquement intensive, l'agriculture de précision, l'agriculture raisonnée et l'agriculture biologique. Face à la croissance démographique africaine (près de 2 milliards d'habitants en 2050), le modèle d'agriculture écologiquement intensive[95], développé par Michel Griffon[96], est celui que les pays africains au sud de Sahara doivent adopter et adapter dans leur politique agricole pour vaincre définitivement la faim.

Un vaccin contre la faim : l'agriculture industrielle raisonnée

En reprenant la métaphore médicale de Joseph Stiglitz que nous évoquions en page 73, nous pouvons dire, au sujet de la faim en Afrique subsaharienne, que lorsqu'un vaccin a

---

[95] L'agriculture écologiquement intensive (AEI) est un concept qui vise à utiliser intensivement les mécanismes naturels, à chercher à augmenter le fonctionnement des écosystèmes. Il n'interdit pas l'utilisation des produits chimiques et ne suit pas un cahier de charges comme dans le cas de l'agriculture biologique.

[96] Président de l'association internationale pour une agriculture écologiquement intensive et Conseiller scientifique pour l'Agence Nationale de la Recherche (ANR).

montré son efficacité, en protégeant quatre patients sur cinq contre une pathologie grave et que le cinquième refuse de se faire vacciner, il est clair que ce patient ne sait pas ce qu'il fait. L'Afrique a-t-elle pris conscience du fléau qui la ronge et qui s'amplifierait dangereusement avec l'explosion démographique d'ici 2030 si rien n'était fait ?
Le vaccin à ce fléau est l'agriculture industrielle. Son application ou son adoption dans les pays riches et émergents contribue à éradiquer la faim. Avec le concours de la chimie, de la robotique, de l'informatique et de la génétique, cette agriculture est capable de multiplier par 10, par 20 ou par 30 et par 40, les rendements agricoles.
Les pays africains importent massivement d'Europe, d'Amérique et des pays émergents des denrées alimentaires (céréales, viandes et produits laitiers) issues essentiellement de l'agriculture conventionnelle ou industrielle. La qualité sanitaire[97] et le mode de production[98] de ces produits étant en permanence remis en cause, les pays africains peuvent déployer des moyens suffisants pour produire localement et raisonnablement ces mêmes denrées alimentaires, tout en contrôlant leur qualité sanitaire, avec l'appui des institutions internationales.
Pour éviter de détruire les ressources de la nature, de fournir des denrées alimentaires pouvant porter atteinte à la santé publique, il faut raisonner la « secondarisation » agricole. L'agriculture industrielle raisonnée utilise raisonnablement les intrants (pesticides et engrais chimiques, antibiotiques et minéraux), adopte de bonnes pratiques agricoles pour produire quantitativement des

[97] Scandales alimentaires de poulets à la dioxine, de veaux aux hormones, de vaches folles ou de fièvre aphteuse.
[98] Usage excessif de pesticides, de produits phytosanitaires, d'hormones de croissance et d'antibiotiques dangereux pour la santé humaine et environnementale.

denrées alimentaires de bonne qualité tout en préservant les ressources naturelles (eau, cours d'eau, sol et sous-sol, air, paysage, etc.).
L'agriculture africaine au sud du Sahara sera performante et productive lorsque les routes, les centres de formation ruraux, les coopératives agricoles pour les semences et engrais seront construits ; lorsque les systèmes d'irrigation et d'électrification des zones rurales seront érigés ; lorsque les pouvoirs publics soutiendront financièrement et techniquement les agriculteurs, définiront une politique agricole claire et organiseront les marchés agricoles. L'avenir de l'agriculture africaine passera aussi par le soutien public à la recherche agronomique et par l'attraction des investissements dans la transformation locale des produits agricoles.
Avec les méthodes et techniques modernes de production (engrais chimiques et organiques, semences sélectionnées, irrigation, mécanisation, etc.), la Bretagne a triplé sa production agricole en 30 ans dans un contexte de productivisme institutionnalisé[99]. Les pays émergents, en l'occurrence la Chine, le Brésil, l'Afrique du Sud, l'Inde, ont emprunté le même chemin en adoptant le modèle agricole productiviste. Compte tenu des perspectives optimistes de la croissance économique de l'Afrique subsaharienne à l'horizon 2030 et de ses exigences quantitatives en matière alimentaire, ce continent peut nettement tripler sa production agricole en adoptant les techniques modernes de production intensive. Le développement d'une agriculture moderne n'est pas simplement une question de technique, de finance, d'engrais ou de semences, mais le résultat de la

[99] Les aides de la PAC étaient accordées aux agriculteurs en fonction de la surface productive et du volume produit. Après la Seconde Guerre mondiale, il fallait produire massivement pour nourrir une population affamée.

conjonction de ces éléments. « *L'agriculture africaine n'est donc pas incapable d'innovation, mais elle n'a pas pour l'instant été incitée à se moderniser, ni par des gouvernements qui l'ont largement sacrifiée depuis les indépendances ni par un contexte international peu favorable. Cependant, les paysanneries africaines n'ont pas dit leur dernier mot. L'ère de l'intensification agricole est encore à venir en Afrique (...) au point de vue agricole, l'Afrique n'est pas en panne, mais en réserve.* », soulignait S. Brunel (2004).

Pour éviter une immigration massive des Africains, les Européens devront aider l'Afrique, à travers les transferts de technologies et de savoir-faire, à développer fondamentalement leurs structures de production agricole (végétale et animale) et industrielle. L'agriculture étant capable d'absorber, partout, rapidement, l'intégralité de la main-d'œuvre disponible et donc d'assurer le plein-emploi.

Sachant que l'Asie manque de terres arables, que l'Europe et les É.-U. entrent dans une phase de décroissance et que l'Amérique latine s'expose à de graves catastrophes écologiques en déboisant continuellement ses forêts, l'Afrique subsaharienne a une chance inouïe de s'insérer dans l'échiquier agricole mondial. Elle a le potentiel naturel et humain pour créer un marché alimentaire de plus de 1000 milliards de dollars d'ici 15 ans.

Au même titre que pour la modernisation du football (construction des stades modernes, reforme et modernisation des instances dirigeantes ou administratives, etc.), de la santé (construction et équipement des hôpitaux et centres de santé modernes, formation des médecins à la médecine moderne), de l'éducation, du transport, de la communication, de l'information ou de l'énergie, l'Afrique subsaharienne doit rapidement se doter des moyens technologiques modernes

pour accroître ses productions vivrières. La modernisation de l'agriculture vivrière et de l'élevage doit être la priorité majeure aujourd'hui en Afrique subsaharienne. La « secondarisation » de cette agriculture ne doit pas être uniquement une nécessité, mais une conditionnalité pour le développement économique du continent.
Enfin, la vision agrarienne[100] de l'économie, fondée sur une politique de l'offre, nous semble être le meilleur moyen pour les pays africains au sud du Sahara d'éradiquer la faim (nourrir près de 2 milliards d'Africains en 2050), de réduire au maximum la pauvreté et la misère (fournir du travail à des centaines de millions de jeunes actifs supplémentaires), bref d'améliorer les conditions de vie des populations à l'horizon 2050.

[100] Expression utilisée par Jean-Paul Maréchal (2000, P43) pour montrer l'importance accordée à l'agriculture par les physiocrates.

ANNEXES

1- Dépenses militaires (% du PIB)

Pays	2009	2010	2011	2012
Afrique du Sud	1,3	1,2	1,1	1,2
Algérie	3,8	3,5	4,4	4,5
Allemagne	1,4	1,4	1,3	1,3
Angola	4,4	4,2	3,5	3,6
Arabie saoudite	9,6	8,6	7,2	8,0
Argentine	1,0	0,9	0,9	0,9
Arménie	4,2	4,3	3,9	3,9
Australie	1,9	2,0	1,8	1,7
Bahreïn	4,0	3,0	3,0	3,1
Bangladesh	1,2	1,4	1,4	1,4
Belgique	1,2	1,1	1,1	1,1
Bénin				1,0
Bolivie	2,0	1,7	1,5	1,5
Botswana	3,3	2,6	2,4	2,3
Brésil	1,6	1,6	1,5	1,5
Burkina Faso	1,3	1,3	1,3	1,4
Cambodge	2,3	1,6	1,5	1,5
Cameroun	1,5	1,6	1,4	1,4
Canada	1,4	1,3	1,3	1,2
Cap-Vert	0,5	0,5	0,5	
Chili	2,2	2,2	2,2	2,0
Chine	2,2	2,1	2,0	2,0
Colombie	3,9	3,6	3,1	3,3
Congo Kinshasa	1,1	1,4	1,5	1,7
Congo		1,1		
Corée du Nord	2,9	2,7	2,8	2,8
Côte d'Ivoire	1,8	1,7	1,5	1,7
Cuba	3,4	3,3		
Égypte	2,1	2,0	1,9	1,7
Émirats arabes unis	5,1	6,1	5,5	
Équateur	3,1	3,1	3,2	2,8
Espagne	1,2	1,1	0,9	0,9
États-Unis	4,8	4,8	4,7	4,4
Éthiopie	1,2	1,1	1,1	0,9
Fédération de Russie	4,7	4,3	4,1	4,5
France	2,6	2,4	2,3	2,3
Gabon		0,9		1,3
Ghana	0,4	0,4	0,2	0,3

Inde	2,9	2,7	2,6	2,4
Irak	2,7	2,6	3,3	2,9
Israël	7,0	6,1	5,9	5,7
Italie	1,8	1,8	1,7	1,7
Japon	1,0	1,0	1,0	1,0
Jordanie	5,8	5,1	4,6	4,6
Kenya	1,9	1,9	1,9	2,0
Liban	4,1	4,3	4,1	4,0
Mali	1,6	1,6	1,5	1,4
Maroc	3,4	3,5	3,4	3,5
Namibie	3,4	3,6	3,4	3,1
Nigéria	0,9	0,9	1,0	0,9
Norvège	1,6	1,5	1,5	1,4
Oman	9,6	8,3	6,1	8,6
Ouganda	2,0	3,8	3,7	1,4
Pakistan	3,2	3,3	3,1	3,0
Pays-Bas	1,5	1,4	1,4	1,3
Pologne	1,8	1,9	1,8	1,9
Portugal	2,1	2,1	2,0	1,8
RCA	1,8	2,6		
Royaume-Uni	2,7	2,6	2,5	2,5
Rwanda	1,4	1,3	1,2	1,1
Sénégal	1,6	1,6		
Sierra Leone	1,1	1,0	0,8	0,7
Singapour	4,0	3,5	3,5	3,5
Soudan du Sud	5,1	4,3	5,8	10,3
Suisse	0,8	0,7	0,8	0,8
Syrie	4,0	3,9		
Tchad	6,2	2,6	2,3	
Togo		1,8	1,6	
Tunisie	1,3	1,3	1,3	1,6
Turquie	2,6	2,4	2,3	2,3
Ukraine	2,9	2,7	2,4	2,8
Vietnam	2,5	2,5	2,2	2,4
Yémen			3,5	4,0
Zambie	1,7	1,7	1,6	1,5
Zimbabwe		1,3	2,1	2,9

Source : Banque mondiale

2-Dépenses militaires (% des dépenses du gouvernement central)

Pays	2009	2010	2011	2012
Afghanistan	4,6	7,2	8,1	
Afrique du Sud	3,8	3,5	3,4	
Algérie	15,0	14,4	14,6	
Allemagne	4,5	4,4	4,5	
Arménie	17,5	18,6	17,1	
Australie	7,3	7,3	7,0	
Bangladesh	10,8	13,3	12,7	
Belgique	2,6	2,5	2,4	
Botswana	8,3	8,3	7,9	
Brésil	6,0	5,9	5,7	
Burkina Faso	10,4	11,6	10,5	
Cambodge	20,5	14,1	13,9	
Canada	7,3	7,0	7,3	
Colombie	21,2	20,3	18,4	
Congo Kinshasa	5,8	10,2		
Corée du Nord	13,4	13,7	13,6	
Danemark	3,3	3,4	3,2	
Égypte	7,1	6,9	6,4	
Espagne	3,8	3,4	3,3	
États-Unis	18,1	18,0	18,2	
Éthiopie	9,7	9,1	10,3	
Fédération de Russie	15,0	15,6	16,4	
France	5,3	4,8	4,7	
Géorgie	18,1	14,8	13,3	11,4
Ghana	2,4	1,9	1,2	
Inde	17,5	16,6	16,8	
Indonésie	3,9	4,6	4,3	
Israël	16,7	15,7	15,1	
Italie	4,1	4,2	4,1	
Japon	5,3	5,4	5,1	
Jordanie	19,2	18,8	15,7	
Kenya	9,1	8,6	8,4	
Liban	14,0	14,9	14,9	
Libéria		3,1	4,1	
Mali	11,0	10,8		
Maroc	12,0	11,5	10,2	
Norvège	4,5	4,4	4,3	
Oman	36,4	35,1	21,2	31,9
Ouganda	14,3	23,3	19,7	

Pakistan	19,3	18,5	17,6	16,7
Pays-Bas	3,3	3,2	3,0	
Philippines	7,1	7,2	7,6	
Pologne	5,1	5,2	5,3	
Portugal	4,8	4,7	4,6	
Qatar	10,3	8,0		
Royaume-Uni	5,8	5,6	5,6	
Sierra Leone	6,2	4,7	3,7	
Singapour	27,1	27,2	25,8	
Sri Lanka	17,3	16,0	16,2	
Togo		12,4	10,1	
Tunisie	4,7	4,6	4,1	
Turquie	9,7	9,5	9,8	
Ukraine	7,0	6,6	6,3	
Uruguay	7,1	6,6	6,5	
Zambie	9,4	10,0		

Source : Banque mondiale

3-Disparités dans l'accès à la santé

Indicateur	**Cameroun**	**Afrique du Sud**	**Mali**	**Nigéria**	**France**
Médecins pour 1000 habitants		0,8	0,1	0,4	3,4
Infirmières pour 1000 habitants	ND		0,4	1,6	9,3
Lits d'hôpital pour 1000 habitants		2,8	0,1		6,6
Dépenses de santé totales par tête en $	68	689	45	80	4952
Dépenses totales de santé en % du PIB	5,2	8,5	6,8	5,3	11,6
Dépenses publiques de santé en % des dépenses publiques		12,7	12,2	7,5	15,9

Reste à charge en % des dépenses privées de santé	94,5	13,8	99,6	95,4	32,1
Espérance de vie à la naissance en années	54	55,3	54,2	51,7	81,7
Accès à une source d'eau améliorée en % de la pop	52	92	65	61	100

Source : Banque mondiale (données de 2011-2012)

4- Surfaces de sol nécessaires pour la production de denrées alimentaires

Production de 1 kg de :	**Surface de sol nécessaire en mètre carré (m^2)**
Légumes et pomme de terre	6 m^2
Pain	16 m^2
Riz et pâtes	17 m^2
Œuf	44 m^2
Poulet de chair	53 m^2
Porc charcutier	55 m^2
Poisson	207 m^2
Bœuf de pâturage (bovin viande)	269 m^2
Bœuf, y compris le fourrage (vaches de réforme	323 m^2

Source : www.suisse

5- Classement des 11 grands producteurs mondiaux de la planète agricole en 2008

Pays	Part des agriculteurs dans la population	Part de l'agriculture dans le PIB	Rang mondial par grand type de cultures (volume de production)
Afrique du Sud	10,1%	3%	9e en maïs et 4e en pamplemousse
Allemagne	1,6%	0,6%	1er en Houblon et 5e en colza, orge, betterave à sucre
Argentine	7,8%	11,2%	2e en miel et cire d'abeille, 3e en soja
Australie	3,4%	2,5%	1er en laine et 7e en orge
Brésil	11,2%	5,9%	1er en café, ananas, canne à sucre et 2e en soja et viande de bœuf
Canada	1,6%	1,9%	1er en colza et 6e en blé
Chine	61,4%	10,3%	1er en riz, pomme de terre et 3e en lait, canne à sucre
États-Unis	1,4%	1,7%	1er en soja, maïs, lait de vache et 3e en blé
France	2,1%	1,4%	1er en betterave à sucre et 5e en blé, raisin, colza
Inde	48,8%	16,1%	1er piment, banane, citron, mangue, papaye et 2e riz, blé
Russie	8,3%	4,9%	1er en orge, seigle et 3e en blé, lait de vache

Source : FAO et OCDE

6- Rendements des céréales (blé, maïs, riz, orge, sorgho, millet, avoine, seigle, sarrasin) dans quelques pays du monde (kg par hectare)

Pays	2010	2011	2012	2013
Afrique du Sud	2011	1660	2030	2049
Allemagne	6718	6461	6900	7318
Angola	629	662	552	839
Argentine	5044	4506	4136	4744
Australie	1724	2108	2279	2047
Bangladesh	4288	4348	4394	4384
Belgique	9348	9009	8666	9213
Bénin	1201	1518	1336	1401
Botswana	374	420	331	300
Brésil	4041	4038	4585	4772
Burkina Faso	1063	995	1203	1209
Burundi	1299	1309	1102	1176
Cambodge	3016	3022	3178	3098
Cameroun	1669	1681	1597	1652
Canada	3480	3527	3625	4170
Chili	6815	6928	6230	6913
Chine	5527	5701	5824	5934
Chypre	1931	1955	1538	1710
Colombie	3448	3634	3659	3606
RDC	772	744	759	763
Rép du Congo	780	814	848	889
Rép de Corée	6539	6748	6720	6489
RD de Corée	3431	3604	3833	3709
Côte d'Ivoire	2270	1851	2632	3054
Croatie	5467	5228	4579	5452
Cuba	1937	2619	2812	2922
Danemark	5876	5887	6310	6308
Djibouti	1444	2000	2000	2000
Égypte	6504	7247	7269	7200
Espagne	3304	3708	2970	4063
États-Unis	6988	6818	5925	7340
Éthiopie	1833	1962	2047	2217
Russie	1844	2261	1859	2150
France	6722	6621	7524	7074
Gabon	1687	1698	1685	1691

Ghana	1814	1594	1768	1709
Grèce	4632	4845	4329	4481
Guinée	1459	1532	1522	1523
Haïti	978	999	846	1060
Inde	2676	2862	3021	2975
Indonésie	4878	4886	5082	5085
Iran	2358	2269	2296	2325
Irak	1697	1799	1743	1705
Irlande	7455	8440	6744	7803
Israël	3024	3354	3863	3798
Italie	5323	5677	5371	4939
Japon	5854	6012	6134	6105
Kenya	1710	1515	1660	1640
Koweït	8574	8648	8804	8500
Libéria	1179	1183	1164	1035
Libye	662	756	804	833
Madagascar	2698	2674	2679	2538
Malaisie	3660	3780	3994	3834
Malawi	1907	2094	2087	2069
Mali	1716	996	1668	1567
Maurice	6833	3902	3390	3224
Mexique	3501	3240	3453	3386
Mozambique	1028	1041	694	818
Namibie	435	389	551	351
Niger	490	378	519	424
Nigéria	1528	1333	1510	1555
Norvège	4004	3437	3687	3167
Ouganda	1978	2078	2029	2143
Pakistan	2611	2946	2971	2930
Paraguay	3457	3482	3036	3683
Pays-Bas	8569	7801	8545	8653
Pologne	3389	3434	3712	3803
Portugal	3353	4016	4086	4205
Qatar	7593	6050	6076	5931
RCA	1447	1522	1684	1716
Roumanie	3330	3992	2363	3864
Royaume-Uni	6953	6985	6213	6630
Rwanda	1930	2106	2170	2172
Sénégal	1196	966	1310	1180
Sierra Leone	1771	1677	1727	1806
Somalie	575	457	1190	964

Soudan	452	564	472	590
Sri Lanka	3974	3521	3843	4799
Suède	4509	4716	5097	5125
Suisse	6163	6693	6272	5676
Tanzanie	1648	1381	1314	1270
Tchad	843	772	1111	1008
Thaïlande	2977	3187	3141	3223
Turquie	2709	2958	2956	3249
Ukraine	2727	3754	3174	4076
Uruguay	4267	4306	3622	3925
Venezuela	2968	3011	3054	3796
Vietnam	5177	5381	5462	5430
Zambie	2536	2735	2692	2538
Zimbabwe	743	794	806	734

Source : Banque mondiale

7- Pertes et gaspillage alimentaire en Afrique subsaharienne

	Production agricole	**Opérations après récolte et stockage**	**Transformation et conditionnement**	**Distribution : supermarchés et vente au détail**	**Consommation**
Céréales	6%	8%	3,5%	2%	1%
Racines et tubercules	14%	18%	15%	5%	2%
Oléagineux et protéagineux	12%	8%	8%	2%	1%
Fruits et légumes	10%	9%	25%	17%	5%
Viande	15%	0,7%	5%	7%	2%
Poissons et fruits de mer	5,7%	6%	9%	15%	2%
Lait	6%	11%	0,1%	10%	0,1%

Source : FAO, 2012

8- L'accès à la santé dans quatre pays en 2011

Indicateur	Mali	Nigéria	Afrique du Sud	France
Espérance de vie à la naissance (années)	54,2	51,7	55,3	81,7
Mortalité infantile (pour 1000 naissances)	81	80	34	3
Accès à une source d'eau améliorée (% de la population)	65	61	92	100
Prévalence du VIH (en % des 15-49 ans)	1,1	3,7	17,3	0,4
Thérapies antirétrovirales (en % de besoins)	53	30	66	
Besoins insatisfaits de contraception (en %)	31	20		
Prévalence de la contraception (en %)	8	15		71
Mortalité maternelle (pour 1000 naissances)	540	630	300	8
Médecins (pour 1000 habitants)	0,1	0,4	0,8	3,4
Infirmières (pour 1000 habitants)	0,4	1,6		9,3
Lits d'hôpital (pour 1000 habitants)	0,1		2,8	6,6
Dépenses de santé totales par tête (en dollars)	45	80	689	4952
Dépenses de santé totales (en % du PIB)	6,8	5,3	8,5	11,6
Dépenses publiques de santé en % des dépenses publiques	12,2	7,5	12,7	15,9
Reste à charge (en % des dépenses privées de santé)	99,6	95,4	13,8	32,1

Source : Banque mondiale

9- Accès à l'électricité, à l'eau, à l'assainissement, routes asphaltées, téléphones mobiles, internet en Afrique subsaharienne et dans les autres régions du monde (2008-2010)

Éléments	**Afrique subsaharienne**	**Amérique latine**	**Asie du Sud**
Part de la population ayant accès à l'électricité (en %)	33	93	62
Part de la population rurale ayant un accès correct à l'eau potable (en %)	47	80	83
Part de la population rurale disposant d'un assainissement (en %)	24	55	26
Routes goudronnées (en % du kilométrage total)	18	33	59
Téléphones mobiles (pour 100 habitants)	45	98	61
Utilisateurs d'internet (pour 100 habitants)	11	34	8

Source : Alternatives internationales, Hors-série n° 12, janvier 2013, « *L'état de la mondialisation 2013* »

10- Classement des pays les plus riches du monde en PIB 2014 et estimations 2015

Rang	Pays	PIB 2014 (milliards $)	PIB 2015 (milliards $)
1	É.-U.	17 416	18 287
2	Chine	10 355	11 285
3	Japon	4 770	4 882
4	Allemagne	3 820	3 909
5	Royaume-Uni	2 848	3 003
6	France	2 902	2 935
7	Brésil	2 244	2 357
8	Inde	2 048	2 248
9	Italie	2 129	2 153
10	Russie	2 057	2 099
11	Canada	1 794	1 873
12	Corée du Sud	1 449	1 561
13	Australie	1 483	1 535
14	Espagne	1 400	1 422
15	Mexique	1 296	1 367
16	Indonésie	856	915
17	Pays-Bas	880	892
18	Turquie	813	861
19	Arabie Saoudite	778	805
20	Suisse	679	680

Source : FMI

11- Classement des pays ayant les plus gros PIB par habitant en 2014 (estimations 2015)

Rang	Pays	PIB 2014 / hab en $	PIB 2015 / hab en $
1	Luxembourg	116 752	118 251
2	Norvège	99 295	100 439
3	Qatar	94 744	93 535
4	Suisse	84 344	83 974
5	Australie	62 822	64 257
6	Danemark	61 885	64 186
7	Suède	57 557	58 472
8	Singapour	56 113	58 146
9	États-Unis	54 678	57 045
10	Islande	50 006	52 967
11	Pays-Bas	52 249	52 770
12	Autriche	51 183	52 368
13	Canada	50 577	52 287
14	Irlande	51 159	52 260
15	Finlande	50 451	51 020
16	Allemagne	47 202	48 226
17	Belgique	47 164	47 704
18	Royaume-Uni	44 141	46 244
19	Nouvelle-Zélande	44 294	46 204
20	Émirats arabes unis	44 771	45 944

Source : FMI

12- Répartition géographique de la production mondiale de lait en 2010

Zones géographiques	Volume de production (millions de tonnes)	Pourcentage (%)	Population (milliards d'habitants)	Production par habitant (Kg/hab)
Afrique Soudan Égypte Kenya	**37** 8 6 4	**5**	**1030**	**36**
Amérique centra Mexique	**16** 11	**2**	**200**	**83**
Amérique Nord É.-U. Canada	**95** 87 8	**13**	**340**	**277**
Amérique Sud Brésil Argentine Colombie	**61** 30 10 8	**9**	**390**	**157**
Asie Inde Chine Pakistan Turquie	**257** 114 45 32 12	**36**	**4160**	**62**
Europe UE Russie Ukraine Belarus	**217** 156 33 11 7	**31**	**740**	**294**
Océanie Nouvelle Zélande Australie	**26** 17 9	**4**	**35**	**700**

Source : CNIEL, FNCL et FAO 2011

13- Classement des premières multinationales au monde

Rang	Entreprise	Pays	Chiffre d'affaires (en milliards de dollars)
1	Nestlé	Suisse	99,4
2	Pepsico	É.-U.	66,4
3	Unilever	R-U/Pays-Bas	66,4
4	Coca cola Company	É.-U.	46,8
5	Danone	France	28,2
6	Kraft Foods Group	É.-U.	18,2

Source : Magazine Fortune 2013

14- Importations des marchandises des pays en développement de l'Afrique subsaharienne (pourcentages des importations totales des marchandises)

Années / Pays	2010	2011	2012	2013
Afrique du Sud	7,9	7,1	9,2	9,3
Angola	6,6	6,8	8,4	6,2
Bénin	6,6	5,7	9,1	7,6
Burkina Faso	37	34,3	34,9	36,6
Burundi	26,1	26,7	28,7	34,5
Cameroun	19,6	17,6	18,8	15,8
RDC	49,3	46,9	50,1	50,7
Congo	6,0	5,0	5,4	6,4
Côte d'Ivoire	32,2	30,7	30,3	27,5
Éthiopie	3,3	4,1	2,5	1,8
Gabon	11,6	11,6	13,3	25,8
Gambie	15	12,1	12,6	13,1
Ghana	25	18,9	17,5	23,3
Guinée	5,4	5,5	5,3	4,8
Guinée-Bissau	20,3	17,2	18,8	25,4
Guinée Equato	12,3	7,8	7,1	6,1

Kenya	10	9,6	8,0	8,5
Libéria	0,8	1,6	1,3	1,5
Madagascar	12,8	11,8	11,5	10,8
Malawi	62,8	53,6	49,6	50,8
Mali	28	23,7	23,7	24,2
Mauritanie	4,5	4,5	3,3	2,6
Mozambique	38,1	36,5	32,5	30,2
Niger	18,7	23,7	28	26,2
Nigéria	4,4	3,8	5,2	4,7
Ouganda	29,9	28,7	26	26,3
RCA	12,4	8,6	16,4	14,9
Rwanda	46,3	41,4	41	39,9
Sénégal	15,2	16,3	18,3	16,7
Sierra Leone	22,7	18,7	15,4	15
Somalie	13,7	12,2	12,8	10,3
Soudan	1,6	1,6	1,5	2,1
Tanzanie	15,4	12,3	13,4	9,5
Tchad	20,9	28,9	29,3	24,6
Togo	13,9	12	12	12,7
Zambie	63,2	59,6	55,8	59,5
Zimbabwe	69,5	68,7	67,9	69,9

Source : Banque mondiale

15- Budget de quelques secteurs clés au Cameroun de 2010 à 2014 (milliards de francs CFA)

Années Secteurs	2010	2011	2012	2013	2014
Agriculture	60 342	71 424	78 863	95 520	98 361
Défense	175 355	163 963	180 955	194 079	198 522
Délégation générale à la sureté nationale	73 842	66 415	77 783	85 411	86 600
Éducation de base	167 728	142 078	160 830	171 118	174 580
Enseignement supérieur	43 711	32 265	42 491	48 201	49 252
Santé publique	123 701	151 810	151 420	162 448	165 870
Transport	11 758	10 469	8 425	7 749	7 851
Énergie et eau	44 614	92 415	83 812	107 794	108 796
Industrie, mines et développement technologique	6 801	4 441	6 439	8 841	9 378
Élevage, pêches et industries animales	20 488	20 988	25 713	28 766	29 923
Petites et moyennes entreprises, économie sociale et l'artisanat	7 222	6 238	6 354	9 714	11 777

Source : Extrait de la Loi de finances du Cameroun 2011-2015

16- Estimation des terres cultivables exploitées et disponibles en 2005 dans le monde

Éléments Pays	Surfaces cultivées en 2005	Solde de terres cultivables	Total terres cultivables	% déjà exploité	% solde mondial non exploité
Asie	466	120	586	79%	5%
Afrique subsaharienne	209	209	1031	20%	31%
Amérique latine	170	896	1066	16%	34%
Maghreb/Moyen-Orient	92	7	99	93%	0%
OCDE	372	502	874	43%	19%
Pays de l'Est	213	284	497	43%	11%
Total Monde	1521	2632	4153	37%	100%

Source : FAO, 2010

Bibliographie

Action contre la faim (2000), *Géopolitique de la faim,* Puf, Paris

Bairoch Paul (1971), *Le Tiers-monde dans l'impasse*, Gallimard, Paris

Berdoulay Vincent et Soubeyran Olivier (2000), *Milieu, colonisation et développement durable,* L'Harmattan, Paris

Boillot Jean-Joseph et Dembinski Stanislas (2013), *Chindiafrique*, Odile Jacob, Paris

Brunel Sylvie (1999), *La faim dans le monde*, Puf, Paris

Brunel Sylvie (2004), *L'Afrique. Un continent en réserve de développement*, Bréal, Rosny-sous-Bois

Chalmin Philippe (2009), *Le monde a faim*, Bourin éditeur, Paris

Charvet Jean-Paul (2009), *L'alimentation dans le monde*, Petite Encyclopédie Larousse, Baume-les-Dames

Condorcet (1746), *L'essai sur les probabilités de la vie humaine*

Coura Georges (2006), *L'Afrique. Des idées reçues,* Editions Belin

Daviron Benoît et Ponte Stefano (2007), *Le paradoxe du café*, Éditions Quae, Paris

Dubresson Alain et Raison Jean-Pierre (2003), *L'Afrique subsaharienne. Une géographie du changement,* Armand Colin, Paris

Dumont René (1962), *L'Afrique noire est mal partie*, Editions du Seuil, Paris

Dumont René (1973), *L'utopie ou la mort*, Éditions du Seuil, Paris

Dumont René (1988), *Un monde intolérable. Le libéralisme en question*, Editions du Seuil, Paris

Dumont René (1986), *Pour l'Afrique, j'accuse*, Plon

Ehrlich Paul et Anne (1968), *The population Bomb*, Sierra Club/Ballantine Books

Eveillard James (2010), *L'essor fulgurant de l'agriculture en Bretagne*, Editions Ouest-France, Rennes

Ferry Benoît (2007), *L'Afrique face à ses défis démographiques. Un avenir incertain*, AFD-CEPED-Karthala, Paris

Foirry Jean-Pierre (2006), *L'Afrique : continent d'avenir ?* Ellipses, Paris

Fromont Pierre (1957), *Économie rurale*, Editions Génin, Paris

Fumey Gilles (2008), *Géopolitique de l'alimentation*, Editions Sciences humaines, Auxerre

Gankou Jean-Marie et Yokono Bondoma Dieudonné (1998) *Gestion du Taux de change et politique d'ajustement,* Economica, Paris

Gaye Adama (2006), *Chine – Afrique : le dragon et l'autruche*, L'Harmattan, Paris

Godard Xavier (2002), *Les transports et la ville en Afrique au sud du Sahara*, Karthala, Paris

Krugman R. Paul (1998), *La mondialisation n'est pas coupable. Vertus et limites du libre-échange*, La Découverte, Paris

Lamour Philippe et Artaud (1968), *Le métier d'agriculteur et l'agriculture nouvelle*, Les éditions ouvrières, Paris

Landes S. David (1993), *Richesse et pauvreté des nations. Pourquoi des riches ? Pourquoi des pauvres ?* Albin Michel, Paris

Lebeau René (2000), *Les grands types de structure agraire dans le monde*, Armand Colin, Paris

Lejeune Hervé (2013), *Un monde sans faim. Nous pourrons nourrir le monde en 2050*, L'Harmattan, Paris

Leridon Henri (2009), *De la croissance zéro au développement durable*, Editions Fayard, Paris

Malthus Thomas Robert (1798), *Essai sur le principe de population*, Editions Gonthier 1963, Paris

Malthus T.R. (1819), *Principes d'économie politique, sous le rapport de leur application pratique,* Constancie, Paris.

Maréchal Jean-Paul (2000), *Humaniser l'économie*, Desclée De Brouwer, Paris

Massamba Rudy (2006), *L'Afrique noire industrielle. Stratégies de développement économique pour le continent noir,* L'Harmattan, Paris

Mazoyer Marcel et Roudart Laurence (1997), *Histoire des agricultures du monde*, Éditions du Seuil, Paris

Mazoyer M. et Roudart L. (2006), *La fracture agricole et alimentaire mondiale, nourrir l'humanité aujourd'hui et demain*, Universalis

Neveu André (2009), *Les grandes heures de l'agriculture mondiale. Espoirs, succès et menaces,* L'Harmattan, Paris

Parmentier Bruno (2009), *Nourrir l'humanité. Les grands problèmes de l'agriculture mondiale au XXIe siècle*, La Découverte, Paris

Pees Christian (2007), *L'arme alimentaire. Les clés de l'indépendance*, Le cherche midi, Paris

Pisani Edgard (2004), *Un vieil homme et la terre*, Éditions du Seuil, Paris

Pouch Thierry (2010), *La Guerre des terres. Stratégies agricoles et mondialisation*, Editions Choiseul, Paris

Rollet Cathérine (2006), *La population du monde. 6,5 milliards, et demain ?* Larousse, Baume-les-Dames

Rolph Van der Hoeven et Fred Van der Kraaij (1995), *L'ajustement structurel et au-delà en Afrique subsaharienne,* Karthala, Paris

Sarrasin Bruno (1999), *Ajustement structurel et lutte contre la pauvreté en Afrique. La banque mondiale à la critique,* L'Harmattan, Paris

Sen Amartya (2000), *Un nouveau modèle économique. Développement, justice, liberté*, Odile Jacob, Paris

Smith Etienne (2009), *L'Afrique. Histoire et défis*, Ellipses, Paris

St-Hilaire Walter Amedzro (2014), *Reconstruire l'Afrique*, L'Harmattan, Paris

Yunus Muhammad (2007), *Vers un monde sans pauvreté*, Jean-Claude Lattès, Paris

Ziegler Jean (1999), *La faim dans le monde expliquée à mon fils*, Éditions du Seuil, Paris

Ziegler Jean (2011), *Destruction massive. Géopolitique de la faim*, Éditions du Seuil, Paris

Table des matières

Introduction..........................9

Problème de gaspillage alimentaire..................................15
Problème de la faim..17
Problème d'importation des denrées alimentaires 22
Et pourtant les ressources existent...................................27

Partie 1

Évolution historique et causes profondes du retard de l'agriculture africaine..............31

1. Évolution historique et structure architecturale de l'agriculture africaine...........34
1.1. Évolution historique..34
1.2. Structuration de l'agriculture africaine 37
2. Les causes du retard de l'agriculture africaine au sud du Sahara...................................40
2.1. Les causes exogènes..40
2.1.1. Le poids de la colonisation 41
2.1.2. L'aide alimentaire..44
2.1.3. Les discours pessimistes 45
2.1.4. Le Programme d'Ajustement structurel (PAS) 47
2.1.5. Les limites de la mondialisation ou l'échange inégal 50
2.2. Les causes endogènes 53
2.2.1. Les guerres civiles et les conflits internes 53
2.2.2. L'absence de volonté politique...........................55
2.2.3. Le sous-équipement et la faible productivité.....56
2.2.4. La dépendance vis-à-vis des denrées importées 59

3. La « secondarisation » en question 61

Partie 2

Pourquoi l'Afrique noire doit-elle « secondariser » son agriculture ?..................65

1. Créer des emplois 68
2. Faire reculer la pauvreté 70
3. Vaincre la faim 74
3.1. La faim comme arme du pouvoir politique ...76
3.2. La faim comme vecteur de troubles sociaux..77
4. Impulser l'industrialisation 86
5. Nourrir une population nombreuse...............89
6. Réduire les importations alimentaires..........90
7. Juguler la disparition des terres agricoles...91
7.1. Landgrabbing et agriculture « off-shore »....93
7.2. La menace des agrocarburants........................95
7.3. Biocarburants : « le confort des uns contre la vie des autres » 98
8. Sauvegarder sa souveraineté alimentaire..101
9. Assurer sa sécurité alimentaire 103
9.1. Produire ce qu'on mange et manger ce qu'on produit...104
9.2. L'Afrique noire peut-elle se nourrir elle-même ? 106

Partie 3

Comment l'Afrique noire doit-elle « secondariser » son agriculture ?................111

1. Réduire les dépenses militaires......................115
2. Privilégier l'échange Sud-Sud........................116
3. S'inspirer des méthodes qui ont réussi ailleurs..119
3.1. Loi sur la sécurité alimentaire en Inde.........120
3.2. Programme Bolsa familia (ou Bourse familiale) au Brésil..121
3.3. Modèle agricole productiviste breton (France)..123
4. Définir une politique agricole réalisable....127
5. Professionnaliser le métier d'agriculteur..128
6. Attirer les capitaux étrangers........................130
7. Développer la formation professionnelle et l'enseignement agricole..131
8. Investir dans la recherche..............................132
9. Promouvoir l'agriculture et l'élevage.........133
10. Sédentariser les élevages.............................136
11. Protéger l'environnement et les ressources naturelles..138
11.1. Le zonage territorial....................................139
11.2. Les effluents d'élevage.................................140
11.3. Les engrais chimiques et les pesticides........140
11.4. La protection et la gestion de l'eau.............142
12. Développer le système d'irrigation............143
13. Instaurer les comices agricoles régionaux..144

14. Créer des syndicats agricoles........................145
15. Soutenir la croissance démographique 145
16. Maîtriser l'évasion des capitaux en incitant à l'investissement dans l'agriculture................148
17. Activer le levier protectionniste : l'exception agricole..150
18. Installer des usines ou des industries agroalimentaires (IAA) en campagne..............152
19. Financer l'agriculture et l'IAA...................154
20. Élaborer un plan d'installation agricole.157
21. Défonctionnariser des administrations publiques agricoles 159
22. Réformer les vacances scolaires..................159
23. Organiser des stages et des visites d'exploitations agricoles industrielles étrangères..160

Quelques préalables à la « secondarisation » agricole...163

Conclusion..............................171

La fixation d'un cadre législatif.......................................163
La résolution du problème foncier...................................164
La construction et le bitumage des routes en milieu rural, semi-urbain et urbain 166
L'électrification des zones rurales...................................167
La démographie actuelle est une chance pour l'Afrique .174
Agriculture industrielle comme outil de progrès.............178
Un vaccin contre la faim : l'agriculture industrielle raisonnée 182

Annexes..............................187

Bibliographie..........................207

L'Afrique
aux éditions L'Harmattan

Dernières parutions

LE PAGNE AFRICAIN ET SA SYMBOLIQUE
Femmes et féminité au travers de motifs d'un objet majeur de la culture africaine
Mukundila Kembo Dieudonné - Préface de Masiala ma Solo
Ce livre explore la manière dont le signe de la femme est utilisé dans les illustrations des pagnes africains. Il montre le caractère sexué du pagne en relation avec les fonctions sociales de la femme, lesquelles contribuent à la structuration de la société. L'objet n'est pas seulement artistique, il est culturel et social et se trouve à la fondation des croyances, des institutions, des structures sociales. Il cesse d'être uniquement un vêtement et devient un lieu de savoir et de culture, un reflet de la société africaine. (illustrations en couleur)
(Coll. Culture Africaine, 20.00 euros, 174 p.)
ISBN : 978-2-343-04531-3, ISBN EBOOK : 978-2-336-37124-5

POUR MIEUX AMARRER L'AFRIQUE NOIRE À L'ÉCONOMIE MONDIALE GLOBALISÉE
Sylla Mamadou Lamine
Ce livre pose un regard sans complaisance sur l'évolution en cours de l'Afrique noire dans l'économie mondiale globalisée. Il incite à une sortie graduelle et programmée des sillons économiques tracés par la colonisation, c'est-à-dire principalement de l'économie des matières premières, de manière à inscrire le continent noir dans une dynamique de production qui capture des pans importants de sa propre consommation intérieure pour en faire un puissant levier de son développement.
(Coll. Études africaines, 20.00 euros, 200 p.)
ISBN : 978-2-343-04178-0, ISBN EBOOK : 978-2-336-37193-1

LE DISCOURS DE LA BAULE 20 JUIN 1990
Une nouvelle thérapie pour l'Afrique
Konaté Issoufou
Lors de la 16e Conférence au sommet des chefs d'État de France et d'Afrique de La Baule le 20 juin 1990, François Mitterrand a demandé aux chefs d'État africains d'instaurer la démocratie comme système de gouvernance. En bons élèves, ils ne se sont pas posé la question de savoir si la pression pour aller à la démocratie n'était pas une thérapie de plus. L'auteur appelle donc ici à repenser les différentes «thérapies» jusque-là connues et imposées de l'extérieur, n'ayant pas porté de vrais fruits.
(20.00 euros, 198 p.)
ISBN : 978-2-343-01668-9, ISBN EBOOK : 978-2-336-37172-6

L'ODYSSÉE DU CONSTITUTIONNALISME EN AFRIQUE
Tama Jean-Nazaire - Préface d'Alain Degage
Le constitutionnalisme en Afrique n'a pas eu une trajectoire ou un parcours linéaire, mais plutôt sinueux et tortueux, dû aux vicissicitudes sociopolitiques et économiques du continent. Ce parcours est marqué par une quête de développement, de libertés, d'indépendance et de souveraineté. C'est le récit de ce voyage, celui d'une Afrique à la recherche de sa propre voie pour affirmer son individualité et son originalité dans le concert des continents, que nous propose l'auteur avec cet ouvrage.
(Coll. Études africaines, 39.00 euros, 460 p., Broché)
ISBN : 978-2-343-05888-7, ISBN EBOOK : 978-2-336-37309-6

L'EFFACEMENT DE LA DETTE DES PAYS AFRICAINS
L'approche de la Doctrine Sociale de l'Église Catholique
Akplogan Pamphile - Préfaces de Pierre Noel et Laurence Dossou-Quenum
Ce livre prend la mesure de la question de la dette et de ses conséquences sur la dignité des peuples les plus pauvres. Plongeant dans les fondements de la tradition de l'Église, il réinterprète les concepts de justice distributrice, de solidarité, de subsidiarité, d'option préférentielle pour les pauvres au regard de la question des dettes. Enfin, la plus grande contribution de ce travail réside dans l'évolution théologique qu'il procure au concept de structure de péché développé par les récents papes. Ledit concept, appliqué aux dettes, offre à la doctrine sociale un socle théologique solide pour revendiquer l'effacement des dettes des pays très endettés.
(Coll. Églises d'Afrique, 41.00 euros, 426 p.)
ISBN : 978-2-343-05705-7, ISBN EBOOK : 978-2-336-37167-2

LES TÉLÉVISIONS AFRICAINES FACE AU DÉFI DE LA MODERNITÉ
L'expérience de la CRTV
Bilé Olivier
Se fondant sur l'expérience particulière de la Cameroon Radion Television (CRVT), l'auteur soutient que les télévisions africaines ont maille à partir avec la modernité. La trajectoire historique de la CRTV est mise en lumière à la faveur d'une analyse la comparant avec celle de télévisions européennes emblématiques. Dans un contexte africain de migration vers le numérique et de mondialisation médiatique qui incline vers une uniformisation aussi féconde que destructrice d'identités, l'auteur livre sa vision d'un modèle de télévision authentiquement africain.
(Coll. Harmattan Cameroun, 28.00 euros, 270 p.)
ISBN : 978-2-343-05657-9, ISBN EBOOK : 978-2-336-37277-8

SANTÉ PUBLIQUE, ANTHROPOLOGIE DE LA SANTÉ ET DÉVELOPPEMENT EN AFRIQUE
Sanni Yaya Hachimi, Zerbo Roger
Les actions de santé publique étudiées dans cet ouvrage concernent la prise en charge de la tuberculose en Afrique. Les difficiles relations entre soignants et malades, les raisons du non-recours spontané aux soins, ainsi que la complexité du traitement sont appréhendées à travers le vécu des malades. En dépit des quelques succès, les auteurs constatent les discordances. Ce livre vient rappeler que la lutte contre la maladie requiert une compréhension du mode d'organisation sociale dans laquelle évoluent les individus.
(Coll. Études africaines, série Santé, 32.00 euros, 312 p., Broché)
ISBN : 978-2-343-05329-5, ISBN EBOOK : 978-2-336-37305-8

MONNAIE, STRUCTURE ET SOUS-DÉVELOPPEMENT
Tedajo Joseph
Cet ouvrage propose une réflexion centrée sur l'explication de la nature de la monnaie, de la structure et de la refondation sociale de la théorie économique de développement. Le travail sur la nature de la monnaie et de sa structure est une contribution fondamentale à la refondation locale de l'économie et du développement mondial intégré.
(Coll. Harmattan Cameroun, 35.00 euros, 346 p.)
ISBN : 978-2-343-05592-3, ISBN EBOOK : 978-2-336-37197-9

LA CONDITION ET LA CARRIÈRE DES UNIVERSITAIRES
Analyse comparée à partir de quelques cas de l'Afrique francophone
Wafeu Toko Patrick
Cet ouvrage vient combler un vide dans une littérature relative au métier d'universitaire jusqu'ici relativement peu développée. La crise de la profession universitaire apparaît comme le parent pauvre des sciences sociales et en particulier du droit, d'où le souhait de l'auteur d'étudier la condition et la carrière des universitaires à partir de l'observation de quelques États de l'Afrique francophone.
(Coll. Études africaines, 49.00 euros, 524 p.)
ISBN : 978-2-343-03055-5, ISBN EBOOK : 978-2-336-37104-7

ÉCOLOGIE SOCIALE ET LANGUE FRANÇAISE EN AFRIQUE NOIRE
Mfoutou Jean-Alexis
L'écologie linguistique étudie le lien entre les langues, les liens entre les êtres qui les parlent, et le milieu dans lequel elles sont parlées. C'est à un parcours dans les lieux où se constitue «l'architecture intime» des locuteurs africains et où le français - langue déplacée - se diversifie en prenant les couleurs locales que le lecteur est convié ici.
(Coll. Études africaines, 16.50 euros, 166 p.)
ISBN : 978-2-343-05023-2, ISBN EBOOK : 978-2-336-37084-2

HENRI GADEN À TRAVERS L'AFRIQUE DE L'OUEST (1894-1939)
Fils de Bordeaux, aventurier africain
Dilley Roy - Traduit par Jean-Louis Balans
Ce livre est la première biographie en français sur Henri Gaden, un personnage colonial exceptionnel qui a vu une série de transformations les plus radicales de l'histoire de l'Afrique de l'Ouest. Il fournit un portrait approfondi et intime de l'homme, de sa place dans l'histoire, et de ses contradictions, des tensions et des ambiguïtés non seulement dans sa vie privée et professionnelle, mais aussi au cœur de l'entreprise coloniale.
(Coll. Connaissance des hommes, 39.00 euros, 408 p.)
ISBN : 978-2-343-05123-9, ISBN EBOOK : 978-2-336-37180-1

LE CONTENTIEUX DOUANIER DANS LES PAYS DE LA CEMAC
Djeuwo Marcellin - Préface de Minette Libom Li Likeng
Ceux qui traitent au quotidien des questions douanières (conseillers fiscaux, juges avocats, etc.) n'ont pas toujours dans leur programme de formation de base des modules dédiés au droit douanier. Cet ouvrage vise à expliquer les difficiles mécanismes du contentieux pénal douanier ainsi que la procédure contentieuse civile douanière et de change, susceptible d'aider la douane à combattre efficacement les infractions douanières ou à permettre au monde des affaires de prévenir les conflits ou de se défendre lors des litiges.
(Coll. Harmattan Cameroun, 23.50 euros, 232 p.)
ISBN : 978-2-343-05443-8, ISBN EBOOK : 978-2-336-37185-6

LES RÉALITÉS ET LES DÉFIS D'UNE RENAISSANCE AFRICAINE
Mavoungou-Pemba Pénélope-Natacha, Tounkara Sidy, Lolo Chadon Adam Chantal
Préface du Pr Ernest-Marie Mbonda
«À quand l'Afrique ?» : Le professeur Joseph Ki-Zerbo se situe dans la ligne de mire du savant sénégalais Cheikh Anta Diop, qui se demandait dès 1948 : «Quand pourra-t-on parler d'une renaissance africaine ?» La renaissance, le mot est lâché ! Les auteurs de cet ouvrage essaient d'apporter des éléments de réponse à la question du «comment» de la renaissance africaine, en perspective des réalités que vit l'Afrique d'aujourd'hui.
(Coll. Études africaines, 35.00 euros, 342 p.)
ISBN : 978-2-343-04791-1, ISBN EBOOK : 978-2-336-36913-6

AFRICAN RENAISSANCE
South Africa's Foreign Policy and the Quest for African Development
Elessa Guy - Préface de Jean Emmanuel Pondi
Although readers' awareness of African Renaissance concept's rise is the point, the major focus remains its link with South African Foreign Policy. Despite glorious achievements, South Africa seems to be an African paradox. The scourge of the HIV/AIDS, high criminality rate, unemployment and the relics of the Apartheid system are still freezing the smooth development and the international outreach. To sum up, this book offers a smooth and easy reading, with challenging questions.
(Coll. Harmattan Cameroun, 27.00 euros, 262 p.)
ISBN : 978-2-343-05245-8, ISBN EBOOK : 978-2-336-36934-1

L'HYPOTHÈSE PANAFRICANISTE
Moutoudou Albert
Contre chaque difficulté d'importance, les chefs d'État africains semblent impuissants au point de requérir constamment l'aide de la communauté internationale, notamment celle des anciennes puissances coloniales. Où est donc l'erreur ? La fragilité des États issus des frontières de la colonisation est avérée et des parasites locaux font régner le désordre nécessaire au pillage des cartels internationaux. Selon l'auteur, l'Afrique doit changer de logiciel, en commençant par l'unité politique.
(Coll. Points de vue, 12.50 euros, 110 p.)
ISBN : 978-2-343-05450-6, ISBN EBOOK : 978-2-336-37011-8

L'AFRIQUE EST-ELLE DÉMOCRATISABLE ?
Constitution, sécurité et bonne gouvernance
Kuengienda Martin
L'Afrique n'a pas besoin d'hommes forts mais plutôt d'institutions fortes pour promouvoir la démocratie et la bonne gouvernance. Aujourd'hui, c'est la modification des constitutions qui ravage l'Afrique avec deux tendances distinctes : la conservation coûte que coûte du pouvoir ou la démocratisation. Le respect des institutions et la bonne gouvernance doivent contribuer à l'amélioration des conditions de vie, des cadres sociaux et économiques et de la lutte contre la pauvreté.
(Coll. Points de vue, 22.00 euros, 220 p.)
ISBN : 978-2-343-04961-8, ISBN EBOOK : 978-2-336-36991-4

INDUSTRIALISATION ET DÉVELOPPEMENT ÉCONOMIQUE ACCÉLÉRÉS EN AFRIQUE
Création de bases industrielles régionales
Sangare Louis
Ce livre examine les enjeux économiques de l'industrialisation du continent africain et décrit les défis que les Communautés économiques régionales de l'Union africaine doivent affronter pour enclencher une industrialisation et un développement économique accélérés. Non seulement l'industrie crée la richesse, elle est constituée principalement de technologies, et à ce titre, elle est le secteur pourvoyeur et propagateur de la technologie et de la modernité dans toute l'économie. L'industrie est source de productivité économique.
(Coll. Études africaines, 27.00 euros, 258 p.)
ISBN : 978-2-343-05584-8, ISBN EBOOK : 978-2-336-37059-0

ENFANT NOIR D'AFRIQUE CENTRALE
Essai
Mbuyi Mizeka Alfred - Préface de Jean-William Wallet
Ces réflexions tentent d'appréhender la connaissance de l'enfant noir africain sous tous les angles. Loin de prétendre à une exhaustivité, l'ensemble se veut une contribution à une meilleure vision de l'enfant noir africain. Hormis les contingences circonstancielles de son milieu d'origine, il n'est en rien différent de tout autre enfant du monde.
(Coll. Rue des écoles, série Essais, 23.00 euros, 226 p.)
ISBN : 978-2-343-04414-9, ISBN EBOOK : 978-2-336-37055-2

À TRAVERS L'AFRIQUE
Baratier Albert - Présentation d'Antoine Champeaux, avec la collaboration de Roger Little
Albert Baratier (1864-1917), officier de cavalerie dans l'armée d'Afrique et dans l'armée métropolitaine, est acteur des grandes missions militaires confiées aux troupes coloniales en Afrique noire, en particulier celle du commandant Marchand, «de l'Atlantique à la mer Rouge». Précurseur échappant aux clichés réducteurs, soldat au destin brutalement interrompu, il est un témoin majeur de la constitution de l'empire colonial français et une des grandes plumes de la littérature militaire.
(Coll. Autrement Mêmes, 25.00 euros, 222 p.)
ISBN : 978-2-343-05652-4, ISBN EBOOK : 978-2-336-370357-8

L'HARMATTAN ITALIA
Via Degli Artisti 15; 10124 Torino

L'HARMATTAN HONGRIE
Könyvesbolt ; Kossuth L. u. 14-16
1053 Budapest

L'HARMATTAN KINSHASA
185, avenue Nyangwe
Commune de Lingwala
Kinshasa, R.D. Congo
(00243) 998697603 ou (00243) 999229662

L'HARMATTAN CONGO
67, av. E. P. Lumumba
Bât. – Congo Pharmacie (Bib. Nat.)
BP2874 Brazzaville
harmattan.congo@yahoo.fr

L'HARMATTAN GUINÉE
Almamya Rue KA 028, en face
du restaurant Le Cèdre
OKB agency BP 3470 Conakry
(00224) 657 20 85 08 / 664 28 91 96
harmattanguinee@yahoo.fr

L'HARMATTAN MALI
Rue 73, Porte 536, Niamakoro,
Cité Unicef, Bamako
Tél. 00 (223) 20205724 / +(223) 76378082
poudiougopaul@yahoo.fr
pp.harmattan@gmail.com

L'HARMATTAN CAMEROUN
BP 11486
Face à la SNI, immeuble Don Bosco
Yaoundé
(00237) 99 76 61 66
harmattancam@yahoo.fr

L'HARMATTAN CÔTE D'IVOIRE
Résidence Karl / cité des arts
Abidjan-Cocody 03 BP 1588 Abidjan 03
(00225) 05 77 87 31
etien_nda@yahoo.fr

L'HARMATTAN BURKINA
Penou Achille Some
Ouagadougou
(+226) 70 26 88 27

L'HARMATTAN SÉNÉGAL
10 VDN en face Mermoz, après le pont de Fann
BP 45034 Dakar Fann
33 825 98 58 / 33 860 9858
senharmattan@gmail.com / senlibraire@gmail.com
www.harmattansenegal.com

L'HARMATTAN BÉNIN
ISOR-BENIN
01 BP 359 COTONOU-RP
Quartier Gbèdjromèdé,
Rue Agbélenco, Lot 1247 I
Tél : 00 229 21 32 53 79
christian_dablaka123@yahoo.fr

645478 - Mars 2016
Achevé d'imprimer par
1livre.com
du rêve à la réalité !

www.ingramcontent.com/pod-product-compliance
Lightning Source LLC
LaVergne TN
LVHW010920061026
849535LV00007B/2160
* 9 7 8 2 3 4 3 0 6 5 3 7 3 *